Nashtay Mukhitdinov
Anna Ivashchenko
Abibulla Ametov

O estado das cenopulações de uma espécie rara, Iris alberti Regel

Nashtay Mukhitdinov
Anna Ivashchenko
Abibulla Ametov

O estado das cenopulações de uma espécie rara, Iris alberti Regel

ScienciaScripts

Imprint

Cover image: www.ingimage.com

This book is a translation from the original published under ISBN 978-620-2-06301-2.

Publisher:
Sciencia Scripts
is a trademark of
Dodo Books Indian Ocean Ltd. and OmniScriptum S.R.L publishing group

120 High Road, East Finchley, London, N2 9ED, United Kingdom
Str. Armeneasca 28/1, office 1, Chisinau MD-2012, Republic of Moldova, Europe
Printed at: see last page
ISBN: 978-620-7-76966-7

Definições e abreviaturas

a.s.l. – above sea level
FPC – foliage projective cover
p.e – upper epidermis
l.e – lower epidermis
p.m – palicade mesophyll
s.m – spongy mesophyll
v.b- vascular bundle
pd – periderm
s.c – secondary cortex
scl - sclerenhem
x - xylem
ph- phloem
c – cambium
p – parenhem

Capítulo 1 Introdução

A conservação da biodiversidade ocupa um lugar especial entre os desafios globalmente importantes da nossa civilização moderna [1-3]. Recentemente, a importância da conservação da biodiversidade aumentou dramaticamente devido às crescentes pressões antropogénicas [4-6]. As populações de plantas raras e ameaçadas de extinção representam a parte mais vulnerável de qualquer ecossistema; por conseguinte, a monitorização das tendências populacionais desempenha um papel importante nos estudos da biodiversidade e nas medidas de conservação. Muitas espécies raras são únicas em termos das suas características biológicas; estas espécies podem ser utilizadas para avaliar a importância científica das zonas protegidas. Foi demonstrado [7] que a perda de espécies raras contribui para a degradação global do ambiente.

No Cazaquistão, a diversidade florística e cenótica é maior nas regiões montanhosas. Não é surpreendente que a maioria das espécies raras se encontre também nas montanhas. Por exemplo, das 370 espécies de plantas vasculares enumeradas no Livro Vermelho do Cazaquistão [8], 268 (72,8%) foram registadas nas regiões montanhosas, desde o Tian Shan ocidental até ao Altai. Koltuhov et al [9-10] estudaram populações de plantas raras e endémicas no Cazaquistão oriental, enquanto outros investigadores estudaram as populações de plantas raras no Zailisky Alatau [11-17], onde a *Iris alberti* Regel, incluída na lista vermelha, é uma espécie endémica.

No Cazaquistão, o género *Iris* L. está representado por 19 espécies; três delas (*Iris alberti* Regel, *I. ludwigii* Maxim. e *I. tigridia* Bunge) constam do Livro Vermelho do Cazaquistão [8, 18]. Uma destas espécies constantes da lista vermelha, *I. alberti*, foi classificada na categoria II devido ao declínio da dimensão da sua população e à sua raridade. Esta espécie é o objeto do presente estudo (Fig. 1). É uma planta perene que cresce até 40 cm de altura com rizomas rastejantes. As folhas estão localizadas na base do caule, são de cor azulada, alongadas, lanceoladas-lineares, erectas e com até 2,5 cm de largura. As plantas têm várias flores terminais grandes. As flores são azul-violeta com uma faixa amarela; duas ou três desenvolvem-se no caule principal e uma ou duas nos rebentos laterais. As plantas albinas são raras. Os esporos formam uma película e estão inchados. As cápsulas das sementes são quase esféricas, as sementes são grandes, castanhas, comprimidas lateralmente [8]. As raízes contêm óleos essenciais e taninos e são utilizadas na medicina para tratar distúrbios gastrointestinais [19].

A principal área de distribuição de *I. alberti é a* Trans-Ily Alatay (a sua parte central e a crista de Kasteksky). As plantas podem ser encontradas nas encostas de loess dos sopés, ao longo dos fundos dos desfiladeiros das montanhas e nas moitas de ervas e arbustos da estepe dos prados. As plantas brotam em abril, o período de floração vai de finais de abril a maio e as sementes formam-se em julho. A espécie reproduz-se vegetativamente e por semente. É uma planta ornamental valiosa [8]. Besschetnova et al [20] descrevem a *I. alberti* como uma espécie promissora em termos de seleção, uma vez que é uma das poucas íris selvagens que não sofre de infecções bacterianas.

Nos últimos cinquenta anos, a população de *I. alberti diminuiu* em resposta às mudanças no uso do solo, incluindo a conversão de encostas em loteamentos e a expansão das áreas urbanas. Como a espécie é altamente ornamental, sofre uma pressão recreativa crescente.

Figura 1: *Iris alberti.*

Foram descritas mais de 300 *espécies de íris* em todo o mundo [21-23]. De acordo com Radionenko [24-25], que exclui as plantas bolbosas, as verdadeiras íris não incluem mais de 200 espécies; muitas delas são utilizadas na horticultura e na indústria farmacêutica. Várias espécies contêm óleos essenciais e xantonas que podem ser utilizados em perfumaria e medicina [21, 22, 26]. Algumas outras espécies têm flores atractivas em diferentes cores e tonalidades e podem ser utilizadas como plantas ornamentais em horticultura e paisagismo [22, 27]. As íris estão entre as plantas perenes ornamentais mais populares. São fáceis de cultivar, não necessitam de cobertura no inverno, toleram a seca no verão e podem ser utilizadas para numerosos fins ornamentais em países com climas temperados [20, 28]. Por esta razão, a maior parte da literatura sobre íris centra-se na utilização de íris selvagens e cultivadas em paisagismo urbano e rural, em formas de aumentar a sua produção de sementes e em métodos de propagação generativa e vegetativa [29].

O objetivo da investigação aqui apresentada foi analisar a estrutura populacional de uma espécie rara e estritamente endémica, *Iris alberti,* com base nas características mais importantes das populações de keno, tais como o tamanho da população, a densidade e a estrutura etária.

Para atingir o objetivo acima referido, foram definidas as seguintes tarefas

1. Contagem de indivíduos em seis populações de contagem;
2. Análise da estrutura etária das diferentes cenopulações;
3. Investigação da estrutura anatómica dos órgãos vegetativos e generativos;

4. Caracterização do estado das cenopulações estudadas com base em estimativas de abundância e de faixa etária.

A investigação foi realizada em 2015 - 2017 no âmbito do projeto financiado 0497/GF4 "Avaliação do estado das cenopulações de algumas espécies raras de plantas medicinais de Zailiyskiy Alatau utilizando métodos botânicos e de genética molecular" do Comité Científico do Ministério da Educação e Ciência da República do Cazaquistão. Um dos principais participantes neste projeto foi Karime Abidkulova, o quarto autor desta monografia. Karime Abidkulova trabalha na Faculdade de Biologia e Biotecnologia da Universidade Nacional Al-Farabi do Cazaquistão e é autora e coautora de mais de 140 publicações científicas.

Capítulo 2 Material e métodos

A abordagem populacional é cada vez mais reconhecida nos estudos botânicos e ecológicos, uma vez que se baseia não só em métodos visuais, mas também em vários traços quantitativos que descrevem a evolução de uma espécie numa determinada comunidade vegetal.

Consoante a escola de investigação, uma única planta de origem generativa ou vegetativa (partícula), um clone (ou seja, uma coleção de indivíduos de origem vegetativa) ou uma parte de uma única planta (ou seja, um fitómero, um rebento, uma folha ou uma parte de uma touceira) podem ser considerados como a unidade estrutural de uma cenopopulação. A fim de determinar as características biológicas de *I. alberti*, procedemos a uma análise pormenorizada das cenopulações: Estrutura espacial e etária, etc. [30-35].

A morfogénese das espécies e a estrutura ontogenética das cenopopulações foram analisadas utilizando os métodos padrão da biologia populacional segundo Rabotnov [36], Uranov [37] e os seus sucessores [30, 38].

Para efeitos do presente estudo, a estrutura ontogenética de uma quenopopulação foi definida como a contribuição relativa dos diferentes estádios ontogenéticos para a estrutura global da população. Utilizámos classificações baseadas no máximo absoluto de um estádio ontogenético proposto por Uranov e Smirnova [39].

Para descrever a estrutura etária, utilizámos um método proposto por Uranov [40]. [123]Foi utilizada a seguinte notação: p - plântulas e rebentos; j - juvenis; im - indivíduos imaturos; v - indivíduos vegetativos virgens ou jovens; g - indivíduos generativos jovens; g - indivíduos generativos médios ou maduros; g - indivíduos generativos velhos; ss - sub-senis; s - senis; sc - indivíduos moribundos.

Foram estabelecidos transectos longitudinais em cada área de amostragem para analisar a estrutura etária. [2]Um total de 40 parcelas de amostragem, cada uma com 1 m de dimensão, foram dispostas a intervalos de 10 a 20 m, consoante o terreno. Em cada parcela de amostragem, todos os rebentos das espécies analisadas foram registados e o seu grupo etário marcado. [2]A densidade populacional foi estimada como o número de indivíduos por 1 m .

As características fitocenóticas e ecológicas de um sítio foram definidas com base nos parâmetros mais importantes. As condições ambientais das comunidades vegetais foram analisadas [41, 42]. A composição das espécies foi registada [41, 42] e as formas de vida identificadas [42, 43]. [2]A abundância da população [42, 44], o número total e a cobertura foliar projectiva (FPC) foram registados em parcelas de 1 m.

O ponto de partida para o estudo de uma espécie rara numa comunidade vegetal é a localização geográfica de um sítio e a época do levantamento. Os parâmetros mais importantes podem então ser utilizados para determinar as características fitocenóticas e ecológicas do habitat. No nosso estudo, um primeiro levantamento das populações e uma descrição detalhada das comunidades vegetais foram efectuados em maio, durante o período de floração das espécies estudadas. A localização das populações estudadas é apresentada na Fig. 2.

A população 1 (P1) localizava-se no desfiladeiro de Kaskelen, na encosta oriental (Fig. 3), a população 2 (P2) no grande desfiladeiro de Almaty (Fig. 4) e a população 3 (P3) no desfiladeiro de Oizhailau (Fig. 5). Todas as populações foram encontradas no território do Parque Nacional do Estado de Ile-Alatau, que foi criado perto de Almaty em 1996.

Fig. 3: O desfiladeiro de Kaskelen.

Fig.4 O Grande Desfiladeiro de Almaty.

Fig.5 O desfiladeiro de Oizhailau.

No decurso do trabalho de campo, recolhemos material de herbário e colhemos e preservámos amostras de partes vegetativas abaixo e acima do solo das espécies investigadas para estudos anatómicos. O material vegetal foi cortado em pedaços de aproximadamente 40 mm e colocado num recipiente com uma rolha de vidro bem esmerilada contendo um líquido fixador. As plantas foram conservadas segundo a técnica de Strasbourg-Fleming. O líquido de conservação era uma mistura de álcool, glicerina e água numa proporção de 1:1:1.

No laboratório, as preparações anatómicas foram preparadas utilizando um micrótomo e um congelador TOS-2. As secções foram encapsuladas em glicerol de acordo com os métodos de Prozina [45], Permyakova [46] e Barykina [47]. A espessura das secções anatómicas foi de 10-15 mm. Preparámos aproximadamente 100 lâminas preliminares para fotomicrografia e análise morfométrica. Para a análise quantitativa, os parâmetros morfométricos foram medidos utilizando o micrómetro ocular MOV-1-15 (com lente de 9x, ampliação de 10,7x).

As fotomicrografias das secções anatómicas foram tiradas com um microscópio MC300 e uma câmara de vídeo CAM V400/1/3m. A análise estatística dos parâmetros morfométricos foi efectuada de acordo com o método de Lakin [48] e Udolskaya [49] no Microsoft Office Excel 2007.

No decurso do estudo, foram preparadas descrições da estrutura interna dos órgãos acima e abaixo do solo das espécies investigadas e foi efectuado um estudo comparativo da estrutura das populações. Foi utilizada a terminologia convencional para a descrição anatómica [50, 51].

Ao analisar as características de plantas raras e ameaçadas de extinção, é importante determinar a capacidade de reprodução de uma determinada espécie num habitat específico. Neste caso, a produtividade média de sementes das plantas é definida como o número médio de sementes por indivíduo ou rebento gerador e a produtividade total como o número de sementes produzidas por unidade de área [52]. De acordo com Rabotnov [52], Golubev e Molchanov [53], a produtividade de sementes é definida como o número de sementes por rebento generativo ou indivíduo. Ao mesmo tempo, a produtividade de sementes pode ser descrita como produtividade potencial (número de óvulos no rebento ou indivíduo) ou efectiva (número de sementes por rebento ou indivíduo) [54].

No presente estudo, o tratamento taxonómico das plantas foi baseado em Abdulina [18].

Capítulo 3 Descrição das comunidades vegetais que contêm *Iris alberti*

A primeira população de *I. alberti* foi encontrada na faixa de ervas e arbustos no desfiladeiro Kaskelen do Trans-Ili Alatau. Nesta população, identificámos duas cenopulações de *I. alberti* (referidas como CP1 e CP2 no texto seguinte). Em ambas as cenopulações, as espécies investigadas não formam uma vegetação contínua, mas sim tufos individuais nas encostas abertas e ensolaradas a sul, sudeste e sudoeste.

$^{0'0'}$ A CP1 situava-se na encosta virada a sudeste da faixa herbácea e arbustiva, a uma altitude de 1187 m a.s.l. As coordenadas GPS eram: 43 07.796 N e 076 36.688 E. ^{0}O tipo de solo foi identificado como castanho escuro montanhoso, o terreno era irregular, com grandes pedras à superfície, e o local era inclinado (35-40). O coberto vegetal era constituído por uma comunidade herbácea e arbustiva (*Spiraea hypericifolia, Rosa platyacantha, Cerasus tianschanica, Lonicera microphylla, Poa bulbosa, Carex turkestanica, Astragalus abramovii, Iris alberti*). A FPC era de 75-80 %. Na altura do estudo, observou-se uma estrutura de cinco camadas de cobertura vegetal. O primeiro estrato, com 115-150 cm de altura, era constituído por *Atraphaxis muschketowii, Caragana camilli- schneideri, Spiraea hypericifolia, Rosa platyacantha* e *Lonicera microphylla*; o segundo estrato, com 50-65 cm de altura, era constituído por *Euphorbia yaroslavii, Iris alberti, Phlomoides speciosa, Inula macrophylla* e *Inula helenium*; o terceiro estrato, com 30-45 cm de altura, com *Cerasus tianschanica, Marrubium anisodon, Allium pallasii* e *Phlomoides tuberosa*; o quarto estrato, com 15-25 cm de altura, com *Poa bulbosa, Carex turkestanica, Tulipa ostrowskiana* e *Ranunculus* regelianus e a quinta camada, com 5-10 cm de altura, com *Ajania fastigiata, Nonea caspica, Gagea bulbifera, Alyssum desertotum, Ceratocephalus testiculatus* e *Trigonella arcuate.*

A composição florística do local onde se encontrava a CP1 era relativamente rica em espécies, compreendendo 122 espécies de plantas de duas divisões, 31 famílias e 104 géneros. Os principais componentes (ou seja, as espécies herbáceas e arbustivas predominantes) das comunidades vegetais em que *I. alberti ocorreu* foram: *Poa bulbosa, Carex turkestanica, Astragalus abramovii, Ajania fastigiata, Artemisia santolinifolia, A. dracunculus, Spiraea hypericifolia, Caragana camilli-schneideri, Rosa platyacantha, Cerasus tianschanica.*

A CP2 situava-se perto da CP1, à mesma altitude (1187 metros acima do nível do mar). O CP2 situava-se numa encosta bem aquecida, virada a sudoeste; o local era significativamente mais seco do que o CP1. Não existiam grandes pedras ou pedregulhos. O coberto vegetal era constituído por uma comunidade herbácea e gramíneas (*Poa bulbosa, Festuca valesiaca, Agropyron pectinatum, Iris alberti, Carex turkestanica, Phlomoides tuberosa, Ajania fastigiata, Tulipa ostrowskiana).* A FPC era de 75-80%. O solo era montanhoso castanho-escuro. O aspeto era verde.

No sítio onde se encontrava a CP2, *a Poa bulbosa* era dominante. *Eremurus altaicus* e *Tulipa ostrowskiana* cobriam uniformemente o sítio e cresciam bem. As plantas anuais estavam bem representadas, incluindo plantas de vida curta das famílias Brassicaceae, Caryophyllaceae e Boraginaceae. No CP2, *I. alberti* formava tufos individuais. O coberto vegetal era constituído por quatro estratos. O primeiro estrato, com 115-140 cm de altura, era formado por *Caragana camilli-schneideri* e *Spiraea hypericifolia*; o segundo, com 50-65 cm de altura, por *Eremurus altaicus, Euphorbia yaroslavii* e *Iris alberti*; o terceiro, com 30-45 cm de altura, por *Poa bulbosa, Marrubium anisodon* e *Phlomoides tuberosa*; e o quarto, com 5-15 cm de altura, por *Alyssum desertotum, Ceratocephalus testiculatus* e *Trigonella arcuate*.O coberto vegetal deste sítio era mais curto e um pouco mais esparso do que o do sítio CP1. A composição florística era muito semelhante. A única diferença notável era que o sítio CP2 tinha menos arbustos do que o sítio CP1, por exemplo, *Atraphaxis muschketowii* e *Rosa platyacantha* estavam ausentes; esta diferença deve-se provavelmente ao facto de o sítio CP2 estar longe de fontes de água e de a encosta estar bem aquecida pelo sol. No local onde se encontrava a CP2, foram identificadas 113 espécies de plantas de 30 famílias e 99 géneros, e a flora das comunidades vegetais em que vivia a primeira população era composta por 124 espécies de 106 géneros e 35 famílias. A classe Gnetopsida foi representada por uma espécie, *Ephedra intermedia*, a classe Magnoliopsida por 105 espécies e a classe Liliopsida por 18 espécies (Tabela 1).

Quadro 1: A primeira população: composição florística das comunidades vegetais.

№	Taxa
	Class Gnetopsida
I	**Family Ephedraceae Dumort.**
1	*Ephedra intermedia* Shrenk et C.A. Mey.
	Class Liliopsida
II	**Family Poaceae Barnhart**
2	*Agropyron cristatum* (L.) Beauv.
3	*Anisantha tectorum* (L.) Nevski
4	*Dactylis glomerata* L.
5	*Festuca valesiaca* Gaud.
6	*Poa angustifolia* L.
7	*Poa bulbosa* L.
8	*Stipa capillata* L.
9	*Stipa caucasica* Schmalh.
III	**Family Cyperaceae Juss.**
10	*Carex pachystylis* J. Gay
11	*Carex turkestanica* Regel
IV	**Family Alliaceae J. Agardh**
12	*Allium caesium* Schrenk
13	*Allium pallasii* Murr.
V	**Family Liliaceae Juss.**
14	*Gagea bulbifera* (Pall.) Roem. et Schult.
15	*Gagea turkestanica* Pascher
16	*Tulipa ostrowskiana* Regel
VI	**Family Asphodelaceae Juss.**
17	*Eremurus altaicus* (Pall.) Stev.
VII	**Family Ixioliriaceae Nakai**

18	*Ixiolirion tataricum* (Pall.) Herb.
VIII	**Family Iridaceae Juss.**
19	*Iris alberti* Regel
	Class Magnoliopsida
IX	**Family Cannabaceae Endl.**
20	*Cannabis ruderalis* Janisch.
X	**Family Urticaceae Juss.**
21	*Urtica dioica* L.
XI	**Family Polygonaceae Juss.**
22	*Atraphaxis muschketowii* Krasn.
23	*Polygonum aviculare* L.
XII	**Family Chenopodiaceae Vent.**
24	*Ceratocarpus utriculosus* Bluk.
25	*Chenopodium foliosum* (Moench) Aschers.
26	*Kochia prostrata* (L.) Schrad.
27	*Krascheninnikovia ceratoides* (L.) Gueldenst.
XIII	**Family Caryophyllaceae Juss.**
28	*Cerastium bungeanum* Vved.
29	*Cerastium inflatum* Link
30	*Cerastium perfoliatum* L.
31	*Dianthus hoeltzeri* C. Winkl.
32	*Holosteum umbellatum* L.
33	*Silene wallichiana* Klotzsch.
34	*Stellaria media* (L.) Vill.
XIV	**Family Ranunculaceae Juss.**
35	*Ceratocephalus testiculatus* (Crantz) Bess.
36	*Delphinium iliense* Huth
37	*Ranunculus regelianus* Ovcz.
38	*Thalictrum collinum* Wallr.
XV	**Family Papaveraceae Juss.**
39	*Papaver pavoninum* Schrenk
40	*Roemeria refracta* (Stev.) DC.
XVI	**Family Fumariaceae DC.**
41	*Corydalis ledebouriana* Kar. et Kir.
XVII	**Family Brassicaceae Burnett**
42	*Alyssum dasycarpum* Steph.
43	*Alyssum desertorum* Stapf
44	*Arabis montbretiana* Boiss.
45	*Berteroa incana* (L.) DC.
46	*Camelina microcarpa* Andrz.
47	*Capsella bursa-pastoris* (L.) Medik.
48	*Cardaria draba* (L.) Desv.
49	*Descurainia sophia* (L.) Webb ex Prantl

50	*Litwinowia tenuissima* (Pall.) Woronow ex Pavl.
51	*Sisymbrium brassiciforme* C. A. Mey.
52	*Strigosella trichocarpa* (Boiss. et Buhse) Botsch.
53	*Thlaspi arvense* L.
54	*Thlaspi perfoliatum* L.
XVIII	**Family Rosaceae Juss.**
55	*Cerasus tianschanica* Pojark.
56	*Geum urbanum* L.
57	*Potentilla orientalis* Juz. (= *P. bifurca* L.)
58	*Potentilla virgata* Lehm.
59	*Rosa alberti* Regel
60	*Rosa platyacantha* Schrenk
61	*Spiraea hypericifolia* L.
XIX	**Family Fabaceae Lindl.**
62	*Astragalus abramovii* Gontsch.
63	*Astragalus macronyx* Bunge
64	*Astragalus sieversianus* Pall.
65	*Caragana camilli-schneideri* Kom.
66	*Hedysarum montanum* (B. Fedtsch.) B. Fedtsch.
67	*Medicago falcata* L.
68	*Melilotus officinalis* (L.) Pall.
69	*Oxytropis macrocarpa* Kar. et Kir.
70	*Trifolium pratense* L.
71	*Trigonella arcuata* C. A. Mey.
72	*Vicia subvillosa* (Ledeb.) Boiss.
XX	**Family Geraniaceae Juss.**
73	*Geranium transversale* (Kar. et Kir.) Vved.
XXI	**Family Euphorbiaceae Juss.**
74	*Euphorbia glomerulans* Prokh.
75	*Euphorbia yaroslavii* Poljak.
XXII	**Family Balsaminaceae Rich.**
76	*Impatiens parviflora* DC.
XXIII	**Family Apiaceae Lindl.**
77	*Bunium setaceum* (Schrenk) H. Wolff
XXIV	**Family Convolvulaceae Juss.**
78	*Convolvulus arvensis* L.
XXV	**Family Boraginaceae Juss.**
79	*Asperugo procumbens* L.
80	*Lappula microcarpa* (Ledeb.) Gűerke
81	*Lithospermum arvense* L.
82	*Lithospermum tenuiflorum* L. fil.
83	*Nonea caspica* (Willd.) G. Don fil.
84	*Rochelia retorta* (Pall.) Lipsky

XXVI	**Family Lamiaceae Lindl.**
85	*Dracocephalum integrifolium* Bunge
86	*Lagochilus platycalyx* Schrenk ex Fisch. et C.A. Mey.
87	*Lamium amplexicaule* L.
88	*Leonurus turkestanicus* V. Krecz. et Kuprian.
89	*Marrubium anisodon* C. Koch
90	*Phlomoides speciosa* (Rupr.) Adyl., R. Kam. et Machmedov
91	*Phlomoides tuberosa* (L.) Moench
92	*Scutellaria transiliensis* Juz.
93	*Thymus marschallianus* Willd.
94	*Ziziphora bungeana* Juz.
XXVII	**Family Solanaceae Juss.**
95	*Hyoscyamus niger* L.
XXVIII	**Family Scrophulariaceae Juss.**
96	*Rhinanthus songaricus* (Sterneck) B. Fedtsch.
97	*Scrophularia heucheriiflora* Schrenk
98	*Verbascum songoricum* Schrenk ex Fisch. et C. A. Mey.
99	*Veronica polita* Fries
XXIX	**Family Plantaginaceae Juss.**
100	*Plantago lanceolata* L.
101	*Plantago major* L.
XXX	**Family Rubiaceae Juss.**
102	*Galium aparine* L.
XXXI	**Family Caprifoliaceae Juss.**
103	*Lonicera microphylla* Willd. ex Roem. et Schult.
XXXII	**Family Valerianaceae Batsch.**
104	*Valerianella szovitsiana* Fisch. et C. A. Mey.
XXXIII	**Family Dipsacaceae Juss.**
105	*Dipsacus dipsacoides* (Kar. et Kir.) Botsch.
106	*Scabiosa micrantha* Desf.
XXXIV	**Family Campanulaceae Juss.**
107	*Campanula glomerata* L.
XXXV	**Family Asteraceae Dumort.**
108	*Acroptilon repens* (L.) DC.
109	*Ajania fastigiata* (C. Winkl.) Poljak.
110	*Arctium tomentosum* Mill.
111	*Artemisia absinthium* L
112	*Artemisia. dracunculus* L
113	*Artemisia santolinifolia* (Turcz. ex Pamp.) Krasch.
114	*Artemisia. vulgaris* L.
115	*Centaurea squarrosa* Willd.
116	*Cichorium intybus* L.
117	*Cirsium polyacanthum* Kar. et Kir.

118	*Crupina vulgaris* Cass.
119	*Inula helenium* L.
120	*Inula macrophylla* Kar. et Kir.
121	*Onopordon acanthium* L.
122	*Scorzonera pubescens* DC.
123	*Taraxacum officinale* Wigg.
124	*Tragopogon marginifolius* Pavl.

A família Asteraceae foi representada pelo maior número de espécies (17 ou 13,8% do total de espécies), seguida por Brassicaceae (13 espécies ou 10,6%), Fabaceae (11 espécies ou 8,9%), Lamiaceae (10 espécies ou 8,1%), Poaceae (8 espécies ou 6,5%), Rosaceae e Caryophyllaceae (7 espécies ou 5,7% cada) e Boraginaceae (6 espécies ou 4,9%).

Os hemicriptófitos foram a forma de vida predominante; em segundo lugar, os terófitos, ou seja, plantas anuais e bienais com um ciclo de vida curto. Os microfanerófitos e os hamefitos foram representados por um número relativamente pequeno de espécies, sendo os mesófitos o grupo ecológico dominante com 72 espécies (58,5 %). Seguiram-se os mezoxerófitos (35 espécies ou 28,4 %) e os xerófitos (15 espécies ou 12,2 %). Esta distribuição reflecte as condições ecológicas da faixa de ervas e arbustos no desfiladeiro de Kaskelen do Trans-Ili Alatau.

Encontrámos 15 grupos de plantas cultivadas no local da primeira população. O grupo mais rico em espécies foi o das plantas de controlo da erosão com 90 espécies (73,2%). Seguem-se as ervas daninhas (35 espécies ou 28,4%), as plantas medicinais (20 espécies ou 16,3%) e as plantas forrageiras (19 espécies ou 15,4%). Os outros grupos de plantas úteis foram representados apenas por um pequeno número de espécies. Além disso, identificámos quatro espécies endémicas: *Iris alberti, Atraphaxis muschketowii, Euphorbia yaroslavii* e *Oxytropis macrocarpa*; as três primeiras constam do Livro Vermelho do Cazaquistão [8]. Todas estas espécies necessitam de mais investigação e proteção.

A segunda população de *Iris alberti* foi encontrada no limite superior da cintura de ervas e arbustos do Grande Desfiladeiro de Almaty. Dentro desta população, descrevemos duas cenopulações (referidas como CP3 e CP4 no texto). CP3 foi encontrada na encosta ocidental do desfiladeiro Teris-Butak (1367 m a.s.l.). [0'0']As coordenadas GPS são: 43 07.650 N e E 076 54.751 E. O coberto vegetal era constituído por plantas da associação de ervas, íris e arbustos, com contribuições ocasionais de *Crataegus songorica, Rosa platyacantha, Spiraea hypericifolia, Lonicera microphylla, Iris alberti, Anisantha tectorum, Poa bulbosa, Potentilla orientalis, Eremurus altaicus, Carex turkestanica* e *Hedysarum montanum.* A FPC era de 85-90 %. O tipo de solo foi identificado como chernozem montanhoso. O aspeto primaveril era verde e as flores brilhantes de *Iris alberti* e *Eremurus altaicus* eram abundantes. Havia muitas pedras grandes e pedregulhos no local, bem como algum cascalho. Os arbustos (como *Spiraea hypericifolia, Rosa platyacantha, Lonicera microphylla*) e *Iris alberti* formavam tufos ao longo das fendas das rochas e à volta de montes de cascalho e terra fina. O coberto vegetal era constituído por cinco estratos. O primeiro estrato, até 330 cm de altura, era formado por *Crataegus songorica*, o segundo estrato, com 110-120 cm de altura, por *Rosa platyacantha, R. alberti, Spiraea hypericifolia;* o terceiro, com 60-85 cm de altura, por *Cerasus tianschanica, Melilotus officinalis, Lonicera microphylla*; o quarto, com 40-50 cm de altura, por *Eremurus altaicus, Iris alberti, Verbascum songoricum, Artemisia dracunculus*; e o quinto, com 15-30 cm de altura, de *Geranium transversale, Poa bulbosa, Anisantha tectorum, Lithospermum arvense, Lappula microcarpa.* A CP3 ocupava uma grande área, quase toda a encosta virada para oeste; por conseguinte, a diversidade florística do sítio era relativamente elevada e incluía 160 espécies de plantas vasculares. A CP4 encontrava-se no fundo da ravina, numa encosta virada para sudeste, na cintura herbácea e arbustiva (1319 m a.s.l.). $^{0'}$As coordenadas GPS são: 43 07.996 N e 076054.153'E. O coberto vegetal era constituído por representantes da comunidade de íris e herbáceas (*Geum urbanum, Ligularia macrophylla, Campanula glomerata, Dactylis glomerata, Lamium album, Iris alberti*). A FPC foi de 75-80%. O tipo de solo foi identificado como castanho escuro montanhoso e o coberto vegetal era constituído por cinco estratos. O primeiro estrato, até 200 cm de altura, era formado por *Crataegus songorica*; o segundo, com 150-160 cm de altura, por *Rosa platyacantha, R. alberti, Spiraea hypericifolia;* o terceiro, com 60-80 cm de altura, era formado por *Inula helenium, Inula macrophylla, Artemisia vulgaris, Cirsium polyacanthum, Ligularia macrophylla*; a quarta, com 40-55 cm de altura, com *Eremurus altaicus, Galatella coriacea, Dactylis glomerata, Aegopodium alpestre*; a quinta, com 20-35 cm de altura, com *Origanum vulgare*, Artemisia *dracunculus, Ajania fastigiata, Achillea millefolium, Lamium album.* O local não foi perturbado e a vegetação encontrava-se em excelente estado. As espécies de ervas daninhas anuais eram quase inexistentes. Foram registadas 115 espécies de plantas, ou seja, menos 45 do que no sítio CP3. Foram registadas 167 espécies de 135 géneros e 39 famílias no sítio da segunda população de *Iris alberti.* A classe Gnetopsida foi representada por apenas uma espécie, *Ephedra intermedia*, a classe Liliopsida por 25 espécies e a classe Magnoliopsida por 141 espécies (Quadro 2).

Quadro 2: A segunda população: composição florística das comunidades vegetais presentes no sítio.

№	Taxa
	Class Gnetopsida
I	**Family Ephedraceae Dumort.**
1	*Ephedra intermedia* Schrenk et C.A. Mey.
	Class Liliopsida
II	**Family Poaceae Barnhart**
2	*Agropyron cristatum* (L.) Beauv.
3	*Alopecurus pratensis* L.
4	*Anisantha tectorum* (L.) Nevski
5	*Bromus japonicus* Thunb.
6	*Dactylis glomerata* L.
7	*Festuca valesiaca* Gaud.
8	*Koeleria cristata* (L.) Pers.

9	*Milium vernale* M. Bieb.
10	*Phleum phleoides* (L.) Karst.
11	*Poa angustifolia* L.
12	*Poa annua* L.
13	*Poa bulbosa* L.
14	*Poa pratensis* L.
15	*Stipa capillata* L.
16	*Stipa caucasica* Schmalh.
III	**Family Cyperaceae Juss.**
17	*Carex pachystylis* J. Gay
18	*Carex turkestanica* Regel
IV	**Family Alliaceae J. Agardh**
19	*Allium caesium* Schrenk
20	*Allium pallasii* Murr.
V	**Family Liliaceae Juss.**
21	*Gagea bulbifera* (Pall.) Roem. et Schult.
22	*Gagea turkestanica* Pascher
23	*Tulipa ostrowskiana* Regel
VI	**Family Asphodelaceae Juss.**
24	*Eremurus altaicus* (Pall.) Stev.
VII	**Family Ixioliriaceae Nakai**
25	*Ixiolirion tataricum* (Pall.) Herb.
VIII	**Family Iridaceae Juss.**
26	*Iris alberti* Regel
	Class Magnoliopsida
IX	**Family Cannabaceae Endl.**
27	*Cannabis ruderalis* Janisch.
X	**Family Urticaceae Juss.**
28	*Urtica dioica* L.
XI	**Family Polygonaceae Juss.**
29	*Atraphaxis muschketowii* Krasn.
30	*Atraphaxis pyrifolia* Bunge
31	*Polygonum aviculare* L.
32	*Rumex tianschanicus* Losinsk.
XII	**Family Chenopodiaceae Vent.**
33	*Ceratocarpus utriculosus* Bluk.
34	*Chenopodium album* L.
35	*Chenopodium foliosum* (Moench) Aschers.
36	*Kochia prostrata* (L.) Schrad.
37	*Krascheninnikovia ceratoides* (L.) Gueldenst.
XIII	**Family Caryophyllaceae Juss.**
38	*Cerastium inflatum* Link.
39	*Cerastium perfoliatum* L.

40	*Dianthus hoeltzeri* C. Winkl.
41	*Holosteum umbellatum* L.
42	*Silene wallichiana* Klotzsch.
43	*Stellaria media* (L.) Vill.
XIV	**Family Ranunculaceae Juss.**
44	*Adonis aestivalis* L.
45	*Ceratocephalus testiculatus* (Crantz) Bess.
46	*Delphinium iliense* Huth
47	*Ranunculus regelianus* Ovcz.
48	*Thalictrum collinum* Wallr.
XV	**Family Papaveraceae Juss.**
49	*Chelidonium majus* L.
50	*Papaver pavoninum* Schrenk
51	*Roemeria refracta* (Stev.) DC.
XVI	**Family Fumariaceae DC.**
52	*Corydalis ledebouriana* Kar. et. Kir.
XVII	**Family Brassicaceae Burnett**
53	*Alyssum dasycarpum* Steph.
54	*Alyssum desertorum* Stapf
55	*Arabis auriculata* Lam.
56	*Arabis montbretiana* Boiss.
57	*Berteroa incana* (L.) DC.
58	*Camelina microcarpa* Andrz.
59	*Capsella bursa-pastoris* (L.) Medik.
60	*Cardamine impatiens* L.
61	*Cardaria draba* (L.) Desv.
62	*Cardaria repens* (Schrenk) Jarm.
63	*Descurainia sophia* (L.) Webb ex Prantl
64	*Erysimum diffusum* Ehrh.
65	*Litwinowia tenuissima* (Pall.) Woronow ex Pavl.
66	*Meniocus linifolius* (Steph.) DC.
67	*Neslia paniculata* (L.) Desv.
68	*Sisymbrium brassiciforme* C. A. Mey.
69	*Strigosella trichocarpa* (Boiss. et Buhse) Botsch.
70	*Turritis glabra* L.
71	*Thlaspi arvense* L.
72	*Thlaspi perfoliatum* L.
XVIII	**Family Rosaceae Juss.**
73	*Armeniaca vulgaris* Lam.
74	*Cerasus tianschanica* Pojark.
75	*Crataegus songorica* C. Koch
76	*Geum urbanum* L.
77	*Malus sieversii* (Ledeb.) M. Roem.

78	*Potentilla orientalis* Juz. (= *P. bifurca* L.)
79	*Potentilla soongarica* Bunge
80	*Potentilla virgata* Lehm.
81	*Rosa alberti* Regel
82	*Rosa platyacantha* Schrenk
83	*Spiraea hypericifolia* L.
XIX	**Family Fabaceae Lindl.**
84	*Astragalus abramovii* Gontsch.
85	*Astragalus macronyx* Bunge
86	*Astragalus sieversianus* Pall.
87	*Caragana camilli-schneideri* Kom.
88	*Glycyrrhiza uralensis* Fisch.
89	*Hedysarum montanum* (B. Fedtsch.) B. Fedtsch.
90	*Lathyrus tuberosus* L.
91	*Medicago falcata* L.
92	*Melilotus officinalis* (L.) Pall.
93	*Onobrychis arenaria* (Kit. ex Willd.) DC.
94	*Oxytropis macrocarpa* Kar. et Kir.
95	*Trifolium pratense* L.
96	*Trifolium repens* L.
97	*Trigonella arcuata* C. A. Mey.
98	*Vicia tenuifolia* Roth
99	*Vicia subvillosa* (Ledeb.) Boiss.
XX	**Family Geraniaceae Juss.**
100	*Geranium pusillum* L.
101	*Geranium transversale* (Kar. et Kir.) Vved.
XXI	**Family Euphorbiaceae Juss.**
102	*Euphorbia lamprocarpa* Prokh.
XXII	**Family Rhamnaceae Juss.**
103	*Rhamnus cathartica* L.
XXIII	**Family Malvaceae Juss.**
104	*Alcea nudiflora* (Lindl.) Boiss.
105	*Lavatera thuringiaca* L.
XXIV	**Family Balsaminaceae Rich.**
106	*Impatiens parviflora* DC.
XXV	**Family Hypericaceae Juss.**
107	*Hypericum perforatum* L.
XXVI	**Family Apiaceae Lindl.**
108	*Aegopodium tadschikorum* Schischk.
109	*Bunium setaceum* (Schrenk) H. Wolff
110	*Bupleurum aureum* Fisch.
XXVII	**Family Primulaceae Vent.**
111	*Primula algida* Adams

XXVIII	**Family Convolvulaceae Juss.**
112	*Convolvulus arvensis* L.
XXIX	**Family Boraginaceae Juss.**
113	*Arnebia decumbens* (Vent.) Coss. et Kral.
114	*Lappula microcarpa* (Ledeb.) Gűerke
115	*Lithospermum arvense* L.
116	*Lithospermum tenuiflorum* L. fil.
117	*Nonea caspica* (Willd.) G. Don fil.
118	*Rochelia retorta* (Pall.) Lipsky
119	*Ulugbekia tschimganica* (B. Fedtsch.) Zak.
XXX	**Family Lamiaceae Lindl.**
120	*Dracocephalum integrifolium* Bunge
121	*Lagochilus platycalyx* Schrenk ex Fisch. et C. A. Mey
122	*Lamium album* L.
123	*Lamium amplexicaule* L.
124	*Leonurus turkestanicus* V. Krecz. et Kuprian.
125	*Marrubium anisodon* C. Koch
126	*Nepeta pannonica* L.
125	*Origanum vulgare* L.
126	*Phlomoides speciosa* (Rupr.) Adyl., R. Kam. et Machmedov
127	*Scutellaria transiliensis* Juz.
128	*Thymus marschallianus* Willd.
129	*Ziziphora bungeana* Juz.
XXXI	**Family Solanaceae Juss.**
130	*Hyoscyamus niger* L.
XXXII	**Family Scrophulariaceae Juss.**
131	*Rhinanthus songaricus* (Sterneck) B. Fedtsch.
132	*Scrophularia heucheriiflora* Schrenk
133	*Verbascum songoricum* Schrenk ex Fisch. et C. A. Mey.
134	*Veronica chamaedrys* L.
135	*Veronica hederifolia* L.
136	*Veronica polita* Fries
XXXIII	**Family Plantaginaceae Juss.**
137	*Plantago lanceolata* L.
XXXIV	**Family Rubiaceae Juss.**
138	*Galium aparine* L.
139	*Galium verum* L.
XXXV	**Family Caprifoliaceae Juss.**
140	*Lonicera microphylla* Willd. ex Roem. et Schult.
141	*Lonicera tatarica* L.
XXXVI	**Family Valerianaceae Batsch.**
142	*Valerianella szovitsiana* Fisch. et C. A. Mey.
XXXVII	**Family Dipsacaceae Juss.**

143	*Dipsacus dipsacoides* (Kar. et Kir.) Botsch.
144	*Scabiosa micrantha* Desf.
XXXVIII	**Family Campanulaceae Juss.**
145	*Campanula glomerata* L.
XXXIX	**Family Asteraceae Dumort.**
146	*Achillea millefolium* L.
147	*Acroptilon repens* (L.) DC.
148	*Ajania fastigiata* (C. Winkl.) Poljak.
149	*Arctium tomentosum* Mill.
150	*Artemisia absinthium* L
151	*Artemisia dracunculus* L
152	*Artemisia santolinifolia* (Turcz. ex Pamp.) Krasch.
153	*Artemisia vulgaris* L
154	*Centaurea squarrosa* Willd.
155	*Cichorium intybus* L.
156	*Cirsium polyacanthum* Kar. et Kir.
157	*Crepis sibirica* L.
158	*Galatella coriacea* Novopokr.
159	*Inula helenium* L.
160	*Inula macrophylla* Kar. et Kir.
161	*Ligularia macrophylla* (Ledeb.) DC.
162	*Onopordon acanthium* L.
163	*Scorzonera pubescens* DC.
164	*Taraxacum officinale* Wigg.
165	*Taraxacum tianschanicum* Pavl.
166	*Tragopogon marginifolius* Pavl.
167	*Tragopogon songoricus* S. Nikit.

As famílias mais fortemente representadas foram Asteraceae (22 espécies ou 13,2 %), Brassicaceae (20 espécies ou 12,0 %), Fabaceae (16 espécies ou 9,6 %), Poaceae (15 espécies ou 9,0 %), Lamiaceae (12 espécies ou 7,2 %), Rosaceae (11 espécies ou 6,6 %), Boraginaceae (7 espécies ou 4,2 %), Caryophyllaceae e Scrophulariaceae com 6 espécies cada (3,6 %). Estas nove famílias representaram 69,0 % do número total de espécies (115 espécies). As restantes famílias foram representadas por um número relativamente pequeno de espécies, cinco ou menos.

Os hemicriptófitos ou plantas herbáceas perenes são a forma de vida mais comum, seguidos dos terófitos (plantas anuais e bienais) e dos microfanerófitos (arbustos). Embora os nanofanerófitos (árvores) estejam representados apenas por quatro espécies, desempenham um papel importante na comunidade vegetal.

Com 115 espécies (68,9 %), os mesófitos são o grupo ecologicamente dominante, seguidos pelos mezoxerófitos (37 espécies ou 22,1 %). Os xerófitos estavam apenas representados por 15 espécies (9,0 %). Esta distribuição reflecte as condições ecológicas do sítio.

Identificámos 15 grupos de plantas cultivadas no sítio CP2. As plantas de controlo da erosão foram o grupo mais comum, com 128 espécies (76,6 %). Estas eram principalmente árvores ou arbustos e plantas herbáceas perenes. Em termos de atividade de controlo da erosão, as plantas rizomatosas foram as mais importantes. As plantas anuais também tiveram alguma importância no controlo da erosão. As plantas infestantes foram o segundo grupo mais comum, com 42 espécies (25,1 %). As plantas forrageiras, medicinais e melíferas foram representadas por 22, 21 e 20 espécies, respetivamente. As plantas alimentares foram as menos abundantes (12 espécies ou 7,2 %). Os outros grupos foram representados apenas por algumas espécies. Por exemplo, as plantas oleaginosas e as ervas daninhas foram representadas por nove espécies cada uma, as plantas que contêm taninos e vitaminas por oito espécies cada uma e as plantas oleaginosas por quatro espécies. As especiarias, as plantas técnicas e os adesivos foram representados por uma espécie cada. É de notar que algumas plantas têm múltiplas utilizações. Por exemplo, *Armeniaca vulgaris, Crataegus songorica, Cerasus tianschanica, Malus sieversii e Melilotus officinalis* podem ser utilizadas como alimentos e fontes de vitaminas, bem como plantas melíferas, ornamentais e de controlo da erosão.

No local da segunda população de *Iris alberti, encontrámos* quatro espécies raras inscritas no Livro Vermelho do Cazaquistão: *Tulipa ostrowskiana, Armeniaca vulgaris, Atraphaxis muschketowii* e *Malus sieversii* [8]. Todas as espécies necessitam de proteção especial e exigem o acompanhamento das tendências populacionais.

A terceira população estava localizada na faixa de ervas e arbustos do desfiladeiro de Oizhailau. As partes média e baixa da faixa estavam completamente ocupadas por pomares e casas de verão. Apenas ao longo dos terraços, nas encostas, se podia observar uma densa cobertura de *Ligularia macrophylla.* Este estava intercalado com gramíneas como *Dactylis glomerata, Poa pratensis, Bromus oxyodon* e, muito ocasionalmente, com *Agropyron cristatum, Poa relaxa, Calamagrostis sp.*

Plantas herbáceas como *Ranunculus polyanthemus, Geum urbanum, Potentilla virgata, Cerastium bungeanum, Silene wallichiana, Delphinium iliense, Paeonia intermedia* e *Iris alberti* eram também comuns. Nas bordas dos terraços artificiais, onde o solo era solto, cresciam ervas daninhas gigantes, incluindo *Rumex tianschanicus, Artemisia absinthium, A. vulgaris, A. dracunculus, Arctium tomentosum, Urtica dioica* e *Cannabis ruderalis.* Para obter uma produção elevada de maçãs, estas ervas daninhas são ocasionalmente cortadas. Os solos são do tipo chernozem montanhoso, cuja estrutura é perturbada por socalcos.

Na terceira população de *Iris alberti, identificámos* duas cenopulações (designadas CP5 e CP6 no texto seguinte). A CP5 estava localizada na encosta noroeste de uma pequena colina na faixa de ervas e arbustos (1442 m a.s.l.). $^{0/0/}$As coordenadas GPS são: 43 08.081 N e 076 50.771 E. O tipo de solo foi identificado como chernozem montanhoso. ^{0}O terreno era inclinado (30-35).

O coberto vegetal era formado pela comunidade de ervas e gramíneas Ligularia. A FPC era de 95-100 %. O coberto vegetal era constituído por cinco estratos. O primeiro estrato, com 110-130 cm de altura, era formado por *Ligularia macrophylla, Rumex tianschanicus*; o segundo estrato, com 70-90 cm de altura, por *Paeonia intermedia, Artemisia absinthium, A. dracunculus, Thalictrum collinum, Euphorbia lamprocarpa; o terceiro estrato*, com 45-60 cm de altura, com *Nepeta pannonica, Vicia tenuifolia, Iris alberti, Centaurea ruthenica* a quarta camada, com 30-40 cm de altura, com *Potentilla virgata, Ulugbekia tschimganica, Poa relaxa*; e a quinta camada, até 15-25 cm de altura, com *Thlaspi perfoliatum, Carex turkestanica, Trifoilium pratense, Taraxacum officinale.*

A Ligularia macrophylla dominava claramente o coberto vegetal. A segunda espécie mais comum foi a *Euphorbia lamprocarpa.* As espécies acompanhantes mais importantes eram relativamente comuns. Algumas espécies ocorreram isoladamente ou em pequenos grupos; *Iris alberti* foi uma delas. As flores de *Paeonia intermedia* e Iris *alberti podem* ser vistas por todo o lado e dão ao coberto vegetal um aspeto particularmente colorido. Perto do vale, onde corria um pequeno ribeiro, observavam-se moitas de arbustos (*Rosa platyacantha, Berberis sphaerocarpa, Lonicera tatarica*) e árvores de folha caduca (*Armeniaca vulgaris, Malus sieversii* e *Acer semenovii*).

O CP6 estava localizado noutra colina, não muito longe do CP5. ^{0}A encosta estava virada para oeste e tinha um declive de 45-50 . $^{0/0/}$A altitude era de 1414 metros acima do nível do mar e as coordenadas GPS eram: 43 08.822 N, 076 50.457 E. A encosta era rochosa e inadequada para o cultivo, pelo que o coberto vegetal permaneceu intacto. *A Iris alberti* crescia em pequenos grupos nas partes abertas e ensolaradas da encosta, perto do cimo da colina.

A área ocupada pela CP6 não era grande, com 100-120 m de comprimento e não mais de 4550 m de largura. O coberto vegetal era constituído pela associação herbácea Ligularia (*Euphorbia lamprocarpa, Dictamnus angustifolius, Silene wallichiana, Thalictrum collinum, Ligularia macrophylla).* 95-100% da FPC. O tipo de solo foi identificado como chernozem montanhoso. O coberto vegetal era claramente dominado por *Ligularia macrophylla.* Em cada parte do sítio, esta espécie apresentava o maior número de indivíduos por unidade de área e era a mais abundante. A segunda espécie mais comum era *Euphorbia lamprocarpa,* seguida de *Dictamnus angustifolius;* as restantes espécies estavam distribuídas de forma mais ou menos uniforme. No entanto, a proporção relativa de gramíneas foi baixa, embora a composição de espécies fosse semelhante à da CP5.

O coberto vegetal era constituído por quatro estratos. A primeira camada, com 80-100 cm de altura, era formada por *Ligularia macrophylla, Euphorbia lamprocarpa, Thalictrum collinum*; a segunda, com 60-70 cm de altura, por *Iris alberti, Vicia tenuifolia, Ranunculus polyanthemus;* o terceiro, com 40-55 cm de altura, por *Geum urbanum, Eremurus altaicus, Paeonia intermedia;* e o quarto, com 15-35 cm de altura, por *Taraxacum officinale, Potentilla orientalis, Trifolium pratense, Carex turkestanica.* A caraterística mais marcante do CP6 foi um coberto herbáceo curto e fino, apesar de um FPC de 95-100%. Isto deveu-se provavelmente a uma fina camada de húmus e/ou à secura da encosta perto do topo da colina e à presença de depósitos pouco profundos de pedras e seixos.

Globalmente, a composição florística do terceiro sítio caracterizava-se pela ausência de pteridófitas e gimnospérmicas. O coberto vegetal era formado por 165 espécies de 128 géneros e 41 famílias. Vinte e duas espécies pertenciam à classe Liliopsida e 143 à classe Magnoliopsida (Tabela
Quadro 3: A terceira população: composição florística das comunidades vegetais presentes no sítio.

I	**Family Poaceae Barnhart**
1.	*Agropyron cristatum* (L.) Beauv.
2.	*Brachypodium sylvaticum* (Huds.) Beauv.
3.	*Bromus oxyodon* Schrenk
4.	*Calamagrostis epigeios* (L.) Roth
5.	*Dactylis glomerata* L.
6.	*Elymus dahuricus* Turcz. ex Griseb.
7.	*Festuca valesiaca* Gaud.
8.	*Koeleria cristata* (L.) Pers.
9.	*Poa nemoralis* L.
10.	*Poa pratensis* L.
11.	*Poa relaxa* Ovcz. (= *P. versicolor* Bess.)
II	**Family Cyperaceae Juss.**
12.	*Carex polyphylla* Kar. et Kir.
13.	*Carex turkestanica* Regel
III	**Family Alliaceae J. Agardh**
14.	*Allium caesium* Schrenk
15.	*Allium coeruleum* Pall.
16.	*Allium pallasii* Murr.
IV	**Family Liliaceae Juss.**
17.	*Gagea bulbifera* (Pall.) Roem. et Schult.
18.	*Gagea turkestanica* Pasch.
19.	*Tulipa ostrowskiana* Regel
V	**Family Asphodelaceae Juss.**
20.	*Eremurus altaicus* (Pall.) Stev.
VI	**Family Ixioliriaceae Nakai**
21.	*Ixiolirion tataricum* (Pall.) Herb.
VII	**Family Iridaceae Juss.**
22.	*Iris alberti* Regel
	Class Magnoliopsida
VIII	**Family Cannabaceae Endl.**
23.	*Cannabis ruderalis* Janisch.
IX	**Family Urticaceae Juss.**
24.	*Urtica dioica* L.
X	**Family Polygonaceae Juss.**
25.	*Polygonum aviculare* L.
26.	*Polygonum coriarium* Grig.
27.	*Rheum wittrockii* Lundstr.
28.	*Rumex crispus* L.
29.	*Rumex tianschanicus* Losinsk.
XI	**Family Chenopodiaceae Vent.**
30.	*Chenopodium album* L.
XII	**Family Amaranthaceae Juss.**

31.	*Amaranthus cruentus* L.
XIII	**Family Caryophyllaceae Juss.**
32.	*Arenaria leptoclada* Guss.
33.	*Cerastium bungeanum* Vved.
34.	*Cerastium davuricum* Fisch. ex Spreng.
35.	*Cerastium inflatum* Link.
36.	*Cerastium perfoliatum* L.
37.	*Dianthus hoeltzeri* C. Winkl.
38.	*Holosteum umbellatum* L.
39.	*Melandrium viscosum* (L.) Čelak.
40.	*Silene wallichiana* Klotzsch.
41.	*Stellaria graminea* L.
XIV	**Family Ranunculaceae Juss.**
42.	*Aconitum leucostomum* Worosch.
43.	*Anemone almaatensis* Juz.
44.	*Atragene sibirica* L.
45.	*Clematis orientalis* L.
46.	*Delphinium iliense* Huth
47.	*Ranunculus polyanthemus* L.
48.	*Thalictrum collinum* Wallr.
49.	*Trollius dschungaricus* Regel
XV	**Family Paeoniaceae Rudolphi**
50.	*Paeonia intermedia* C. A. Mey.
XVI	**Family Berberidaceae Juss.**
51.	*Berberis sphaerocarpa* Kar. et Kir.
XVII	**Family Papaveraceae Juss.**
52.	*Chelidonium majus* L.
53.	*Roemeria refracta* (Stev.) DC.
XVIII	**Family Fumariaceae DC.**
54.	*Corydalis ledebouriana* Kar. et Kir.
55.	*Fumaria vaillantii* Loisel.
XIX	**Family Brassicaceae Burnett**
56.	*Alyssum turkestanicum* Regel et Schmalh.(= *A. desertorum* Stapf)
57.	*Arabis auriculata* Lam.
58.	*Berteroa incana* (L.) DC.
59.	*Camelina microcarpa* Andrz.
60.	*Capsella bursa-pastoris* (L.) Medik.
61.	*Cardamine impatiens* L.
62.	*Descurainia sophia* (L.) Webb ex Prantl
63.	*Erysimum diffusum* Ehrh.
64.	*Isatis costata* C. A. Mey.
65.	*Sisymbrium loeselii* Jusl.
66.	*Turritis glabra* L.

67.	*Thlaspi arvense* L.
68.	*Thlaspi perfoliatum* L.
XX	**Family Rosaceae Juss.**
69.	*Agrimonia asiatica* Juz.
70.	*Armeniaca vulgaris* Lam.
71.	*Cerasus tianschanica* Pojark.
72.	*Crataegus songorica* C. Koch
73.	*Geum urbanum* L.
74.	*Malus sieversii* (Ledeb.) M. Roem.
75.	*Potentilla orientalis* Juz. (= *P. bifurca* L.)
76.	*Potentilla transcaspia* Th. Wolf
77.	*Potentilla virgata* Lehm.
78.	*Rosa alberti* Regel
79.	*Rosa platyacantha* Schrenk
80.	*Rubus caesius* L.
81.	*Spiraea hypericifolia* L.
XXI	**Family Fabaceae Lindl.**
82.	*Astragalus abramovii* Gontsch.
83.	*Astragalus macronyx* Bunge
84.	*Glycyrrhiza uralensis* Fisch.
85.	*Hedysarum montanum* (B. Fedtsch.) B. Fedtsch.
86.	*Lathyrus gmelinii* (Fisch.) Fritsch
87.	*Lathyrus pisiformis* L.
88.	*Lathyrus pratensis* L.
89.	*Lathyrus tuberosus* L.
90.	*Lotus sergievskiae* R. Kam. et Kovalevsk.
91.	*Medicago falcata* L.
92.	*Medicago lupulina* L.
93.	*Melilotus officinalis* (L.) Pall.
94.	*Oxytropis macrocarpa* Kar. et Kir.
95.	*Trifolium pratense* L.
96.	*Trifolium repens* L.
97.	*Trigonella arcuata* C. A. Mey.
98.	*Vicia tenuifolia* Roth
XXII	**Family Geraniaceae Juss.**
99.	*Geranium collinum* Steph. ex Willd.
100.	*Geranium pratense* L.
101.	*Geranium rectum* Trautv.
102.	*Geranium transversale* (Kar. et Kir.) Vved.
XXIII	**Family Rutaceae Juss.**
103.	*Dictamnus angustifolius* G. Don fil. ex Sweet
XXIV	**Family Euphorbiaceae Juss.**
104.	*Euphorbia glomerulans* Prokh.

105.	*Euphorbia lamprocarpa* Prokh.
XXV	**Family Aceraceae Juss.**
106.	*Acer semenovii* Regel et Herd.
XXVI	**Family Balsaminaceae A. Rich.**
107.	*Impatiens parviflora* DC.
XXVII	**Family Rhamnaceae Juss.**
108.	*Rhamnus cathartica* L.
XXVIII	**Family Malvaceae Juss.**
109.	*Alcea nudiflora* (Lindl.) Boiss.
110.	*Lavatera thuringiaca* L.
XXIX	**Family Hypericaceae Juss.**
111.	*Hypericum hirsutum* L.
112.	*Hypericum perforatum* L.
XXX	**Family Violaceae Batsch**
113.	*Viola suavis* M. Bieb.
XXXI	**Family Apiaceae Lindl.**
114.	*Aegopodium tadschikorum* Schischk.
115.	*Bunium setaceum* (Schrenk) H. Wolff
116.	*Bupleurum aureum* Fisch.
117.	*Ferula kelleri* K.-Pol.
118.	*Seseli schrenkianum* (C. A. Mey. ex Schischk.) M. Pimen. et Sdobnina
XXXII	**Family Boraginaceae Juss.**
119.	*Echium vulgare* L.
120.	*Lappula microcarpa* (Ledeb.) Gűerke
121.	*Lithospermum arvense* L.
122.	*Lithospermum officinale* L.
123.	*Lithospermum tenuiflorum* L. fil.
124.	*Nonea caspica* (Willd.) G. Don fil.
125.	*Rochelia retorta* (Pall.) Lipsky
126.	*Ulugbekia tschimganica* (B. Fedtsch.) Zak.
XXXIII	**Family Lamiaceae Lindl.**
127.	*Betonica foliosa* Rupr.
128.	*Dracocephalum integrifolium* Bunge
129.	*Leonurus turkestanicus* V. Krecz. et Kuprian.
130.	*Marrubium anisodon* C. Koch
131.	*Nepeta pannonica* L.
132.	*Origanum vulgare* L.
133.	*Phlomoides tuberosa* (L.) Moench
134.	*Thymus marschallianus* Willd.
XXXIV	**Family Solanaceae Juss.**
135.	*Hyoscyamus niger* L.
XXXV	**Family Scrophulariaceae Juss.**
136.	*Veronica polita* Fries

137.	*Veronica spuria* L.
XXXVI	**Family Plantaginaceae Juss.**
138.	*Plantago major* L.
XXXVII	**Сем. Rubiaceae Juss.**
139.	*Galium aparine* L.
140.	*Galium turkestanicum* Pobed.
XXXVIII	**Сем. Caprifoliaceae Juss.**
141.	*Lonicara tatarica* L.
XXXIX	**Family Dipsacaceae Juss.**
142.	*Dipsacus dipsacoides* (Kar. et Kir.) Botsch.
XL	**Family Campanulaceae Juss.**
143.	*Campanula glomerata* L.
XLI	**Family Asteraceae Dumort.**
144.	*Achillea millefolium* L.
145.	*Acroptilon repens* (L.) DC.
146.	*Ajania fastigiata* (C. Winkl.) Poljak.
147.	*Arctium tomentosum* Mill.
148.	*Artemisia absinthium* L.
149.	*Artemisia dracunculus* L.
150.	*Artemisia rutifolia* Steph. ex Spreng.
151.	*Artemisia santolinifolia* (Turcz. ex Pamp.) Krasch.
152.	*Artemisia vulgaris* L.
153.	*Centaurea ruthenica* Lam.
154.	*Centaurea squarrosa* Willd.
155.	*Cichorium intybus* L.
156.	*Cirsium polyacanthum* Kar. et Kir.
157.	*Cirsium vulgare* (Savi) Ten.
158.	*Crepis sibirica* L.
159.	*Echinops chantavicus* Trautv.
160.	*Galatella coriacea* Novopokr.
161.	*Inula helenium* L.
162.	*Ligularia macrophylla* (Ledeb.) DC.
163.	*Onopordon acanthium* L.
164.	*Saussurea elegans* Ledeb.
165.	*Taraxacum officinale* Wigg.

A família mais rica em espécies foi Asteraceae com 22 espécies (13,3%), seguida de Fabaceae (17 espécies ou 10,3%), Brassicaceae e Rosaceae (13 espécies cada ou 7,9%), Poaceae (11 espécies ou 6,7%), Caryophyllaceae (10 espécies ou 6,1%), Ranunculaceae, Boraginaceae e Lamiaceae (8 espécies cada ou 4,8%).

Tal como nas populações anteriormente descritas, as hemicriptófitas, ou seja, as plantas herbáceas perenes, são a forma de vida predominante. Os terófitos (plantas anuais ou bienais) ocupam o segundo lugar. Os macrofanerófitos (arbustos) estavam representados por oito espécies. Entre elas, destacavam-se os arbustos de maior porte; por exemplo, a *Rosa platyacantha ocupava* uma grande área e desempenhava um papel importante na formação do coberto vegetal. Os nanofanerófitos (árvores) foram representados por quatro espécies, que se distribuíram de forma esparsa nas encostas das montanhas; o seu papel na formação do coberto vegetal não foi significativo. De todos os grupos ecológicos, os mesófitos dominaram com 131 espécies (79,4 %), seguidos pelos mesoxerófitos com 30 espécies (18,2 %). Os xerófitos típicos foram representados por apenas quatro espécies (2,4 %). A proporção relativa de diferentes formas de vida e tipos ecológicos é representativa do estado atual da faixa herbácea e arbustiva do Alatau Trans-Iliano. Foram identificados 19 grupos de plantas cultivadas no local onde foi encontrada a terceira população. As plantas de controlo da erosão foram o grupo mais abundante (106 espécies ou 64,2 % da flora total). Este grupo era constituído principalmente por árvores, arbustos e gramíneas perenes. Seguem-se as ervas daninhas com 45 espécies (27,3 %). Este facto não é surpreendente, uma vez que a faixa de ervas e arbustos do desfiladeiro de Oizhailau se situa perto de Almaty e das aldeias circundantes. A faixa estava exposta a actividades humanas; a parte inferior da faixa era a mais adequada para o pastoreio. Além disso, havia 10-15 espécies que eram moderadamente adequadas para pastoreio; aproximadamente o mesmo número de espécies não eram adequadas para pastoreio e seriam consumidas apenas na ausência de espécies mais palatáveis. As plantas medicinais ocupavam o quarto lugar, com 25 espécies (15,1 %), seguidas das plantas ornamentais (20 espécies ou 12,1 %), das plantas comestíveis (18 espécies ou 10,9 %), das plantas melíferas (17 espécies ou 10,3 %), das plantas venenosas (13 espécies ou 7,9 %), das fontes de corantes (11 espécies ou 6,7 %), das fontes de óleos essenciais (10 espécies ou 6,1 %) e das plantas de curtimento (9 espécies), enquanto os restantes grupos de plantas úteis estavam representados por um pequeno número de espécies. Entre elas, as plantas alimentares como *Malus sieversii, Armeniaca vulgaris, Cerasus tianschanica* e *Rubus caesius ocuparam* um lugar especial. Também vale a pena mencionar as plantas que podem ser utilizadas como fonte de vitaminas, por exemplo, *Rosa alberti, R. platyacantha, Crataegus songorica.* Algumas plantas tinham múltiplas utilizações, incluindo *Malus sieversii, Armeniaca vulgaris, Cerasus tianschanica, Melilotus officinalis*; estas espécies podiam ser utilizadas como alimento, fonte de vitaminas, planta melífera e como planta ornamental. No local onde se encontrava a terceira população, encontrámos cinco espécies raras enumeradas no Livro Vermelho do Cazaquistão [8]: *Tulipa ostrowskiana, Paeonia intermedia, Rheum wittrocki, Armeniaca vulgaris, Malus sieversii.* Estas espécies requerem proteção e monitorização das tendências populacionais. Foram encontradas 227 espécies de 165 géneros e 45 famílias nas comunidades vegetais em que se encontravam as seis cenopulações descritas.

Nove famílias foram representadas com dez ou mais espécies, incluindo Asteraceae (28), Brassicaceae (22), Poaceae e Fabaceae (21 espécies cada), Rosaceae e Lamiaceae (14 espécies cada), Caryophyllaceae e Ranunculaceae (11 espécies cada) e Boraginaceae (10). As plantas listadas no Livro Vermelho do Cazaquistão são de particular interesse [8]. Para além da espécie estudada, *Iris alberti*, encontrámos sete espécies listadas no Livro Vermelho: *Tulipa ostrowskiana, Paeonia intermedia, Rheum wittrocki, Armeniaca vulgaris, Malus sieversii, Atraphaxis muschketowii* и *Euphorbiayaroslavii.* Muitas delas ainda não foram estudadas em pormenor; por conseguinte, para além das medidas de conservação e do acompanhamento das tendências populacionais, são necessários mais estudos populacionais.

Capítulo 4 Dimensão e estrutura da população

Identificámos e descrevemos três populações e seis cenopulações de *Iris alberti* na sua área de distribuição (Fig. 2). Todas as populações estavam localizadas na vertente norte da parte central do Trans-Ily Alatau, no território do Parque Nacional Ile-Alatau. A primeira população localizava-se no desfiladeiro de Kaskelen (CP1 e CP2), a segunda no grande desfiladeiro de Almaty (CP3 e CP4) e a terceira no desfiladeiro de Oizhailau (CP5 e CP6). As características das cenopulações analisadas são apresentadas no quadro 4.

Quadro 4 Características ecológicas e cenóticas das cenopulações (PC)

Population	CP	Location, soil type, GPS coordinates	Association	Dominant species	FPC
1	1	The Kaskelen gorge. South-east facing slope, inclination of $35-40^0$ Soils are mountainous dark-chestnut, with large stones. GPS coordinates: N $43^0 07.796'$, E $076^0 36.688'$, 1187 m a.s.l.	Herbaceous and bush	*Spiraea hypericifolia, Rosa platyacantha, Cerasus tianschanica, Lonicera microphylla Poa bulbosa, Carex turkestanica, Astragalus abramovii, Iris alberti*	75-80%.
	2	The Kaskelen gorge. South-facing slope, inclination $35-40^0$ Soils are mountainous dark-chestnut without stones. GPS coordinates: N $43^0 07.732'$, E $076^0 36.633'$, 1187 m a.s.l.	Herbaceous and grass	*Poa bulbosa, Festuca valesiaca, Agropyron pectinatum, Iris alberti, Carex turkestanica, Phlomoides tuberosa, Ajania fastigiata, Tulipa ostrowskiana*	75-80%

2	3	The Great Almaty gorge, the right-hand bank of the river Teris-Butak. West-facing slope, inclination 45-50^0. Soils are mountainous dark-chestnut with large rocks, rocky protrusions and patches of stony talus. GPS coordinates: N 43^{0}07.650', E 076^{0}54.751', 1367 m a.s.l.	Herbaceous – iris – and bush with occasional hawthorn plants	*Rosa platyacantha, Spiraea hypericifolia, Lonicera microphylla, Iris alberti, Anisantha tectorum, Poa bulbosa, Potentilla orientalis, Eremurus altaicus, Carex turkestanica, Hedysarum montanum*	85-90 %
	4	The Great Almaty gorge, left-hand side of the river B. Almatinka. South-east facing slope, inclination 35-40^0. Soils are mountainous dark-chestnut. GPS coordinates: N43^{0}07.996', E076^{0}54.153', 1319 m a.s.l.	Iris and herbaceous	*Geum urbanum, Ligularia macrophylla, Campanula glomerata, Dactylis glomerata, Lamium album, Iris alberti*	75-80%
3	5	The Oizhailau gorge. North-west facing slope, inclination 35-40^0. Soils are mountainous chernozem. GPS coordinates: N 43^{0}08.081', E 076^{0}50.771', 1442 m a.s.l.	Mouse-ear chickweed, herbaceous and grass	*Dactylis glomerata, Poa pratensis, Cerastium davuricum, Silene wallichiana, Delphinium iliense, Ligularia macrophylla*	95-100 %
	6	The Oizhailau gorge. West slope, inclination 45-50^0. Soils are mountainous	Mouse-ear chickweed, herbaceous	*Euphorbia lamprocarpa, Dictamnus angustifolius,*	95-100 %

		chernozem. GPS coordinates: N $43^0$08.822', E $076^0$50.457', 1414 m a.s.l.		*Silene wallichiana, Thalictrum collinum, Ligularia macrophylla*	

Examinámos as características morfológicas de Iris alberti em todas as cenopulações. As características biométricas dos rebentos vegetativos generativos e maduros são apresentadas nos Quadros 5 e 6. Como a Iris alberti é uma espécie que forma rizomas, é quase impossível distinguir plantas individuais. Por isso, contámos os rebentos generativos e vegetativos maduros separadamente [53]. Os parâmetros morfométricos dos rebentos generativos maduros de diferentes localizações foram muito semelhantes (Tabela 5). O número de folhas estava na faixa de 5-7; o comprimento médio das folhas estava na faixa de 35,4 - 55,1 cm e a largura era de 2,5

CP	Number of leaves	Average leaf size, cm	
		Length	Width
1	7,0±0,3	41,0±0,6	2,9±0,04
2	6,3±0,2	39,4±0,6	3,0±0,05
3	6,1±0,1	38,0±0,4	3,0±0,05
4	5,6±0,1	35,4±0,7	2,5±0,05
5	6,8±0,2	51,5±1,4	3,3±0,1
6	6,9±0,3	55,1±1,4	3,5±0,1

- 3,5 cm.

Quadro 5 Características morfológicas dos rebentos vegetativos maduros.

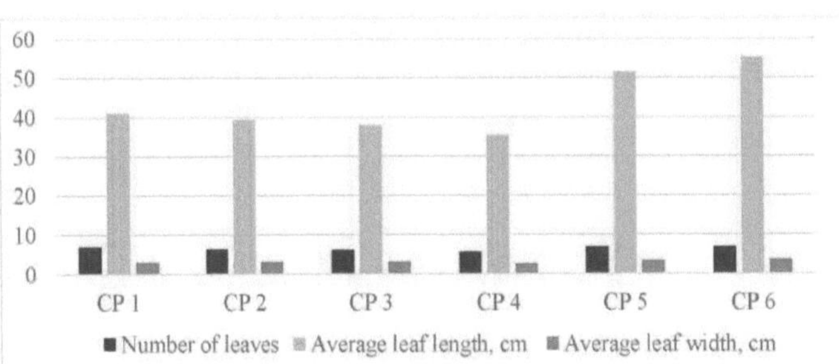

Fig. 6 Características morfométricas dos rebentos vegetativos maduros: número de folhas; comprimento médio das folhas, cm; largura média das folhas, cm.

As características morfométricas dos rebentos generativos de diferentes locais também foram semelhantes (Quadro 6, Fig. 7). O número de folhas foi de 14 - 17, o comprimento médio das folhas foi de 41,2 - 58,5 cm, a largura média das folhas foi de 2,7 - 3,5 cm, o comprimento dos rebentos floridos foi de 45,1 - 53,5 cm e o número de flores foi de 4 - 5.

CP	Number of leaves	Average leaf size		Shoot size, cm	Number of flowers per shoot
		Length, cm	Width, cm		
1	15,6±0,5	44,2±0,9	2,7±0,1	47,1±1,3	4,8±0,2
2	15,8±0,7	41,6±1,1	3,1±0,1	45,1±1,1	4,5±0,2
3	17,1±0,9	41,2±1,1	3,2±0,1	47,9±1,4	5,0±0,2
4	14,0±0,5	44,9±1,0	3,0±0,1	48,4±1,8	4,9±0,2
5	15,1±0,8	58,5±1,6	3,4±1,2	52,8±1,6	4,7±0,2
6	13,2±1,0	55,4±2,1	3,5±0,1	53,5±2,2	5,0±0,4

Tabela 6 Características morfológicas dos rebentos generativos.

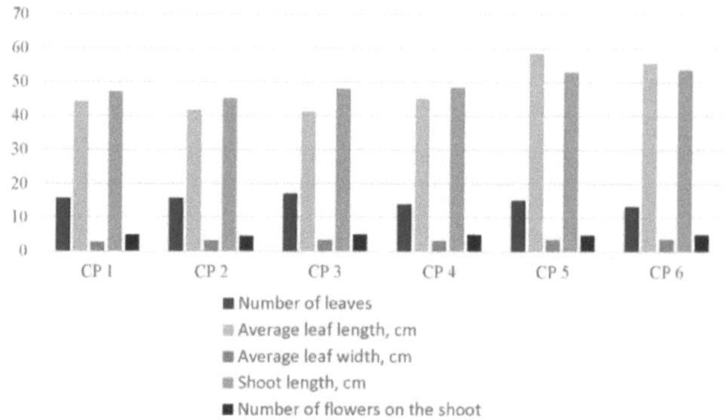

Fig. 7 Características morfométricas dos rebentos geradores.

A análise da estrutura etária da cenopopulação (Fig. 8) mostrou que o espetro etário era dominado por rebentos vegetativos maduros (75,3-91,6 %), enquanto o número de rebentos generativos era baixo (8,4-24,7 %).

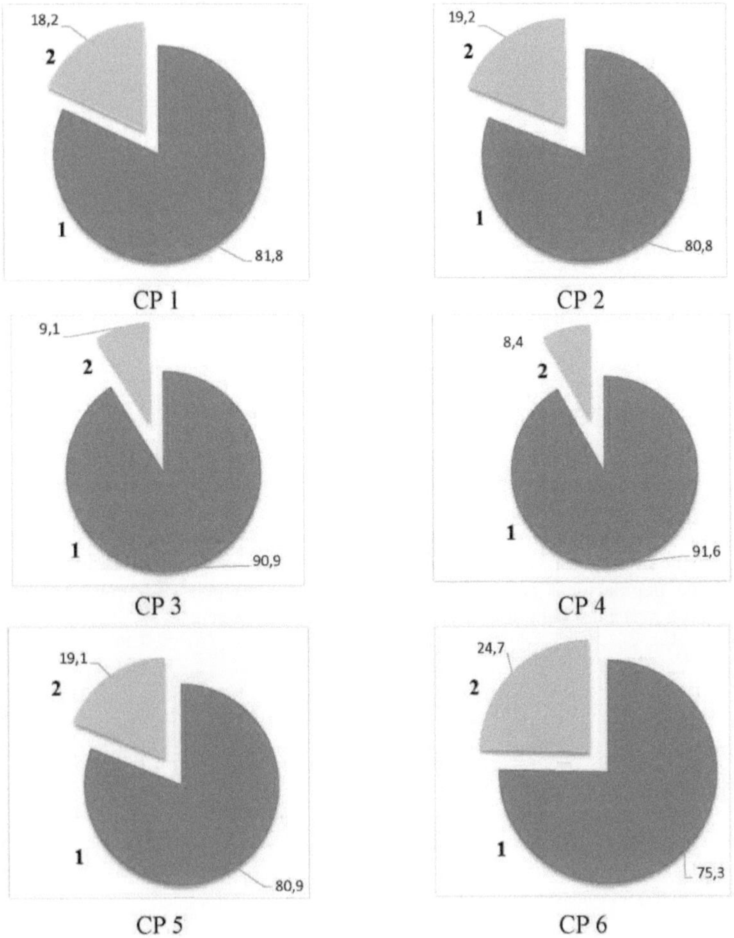

Fig. 8 Proporção de rebentos vegetativos (1) e generativos (2) maduros, %, em diferentes cenopulações.

^{2}A densidade populacional (definida como o número de rebentos por m) variou consideravelmente entre as zenopopulações (Fig. 9).

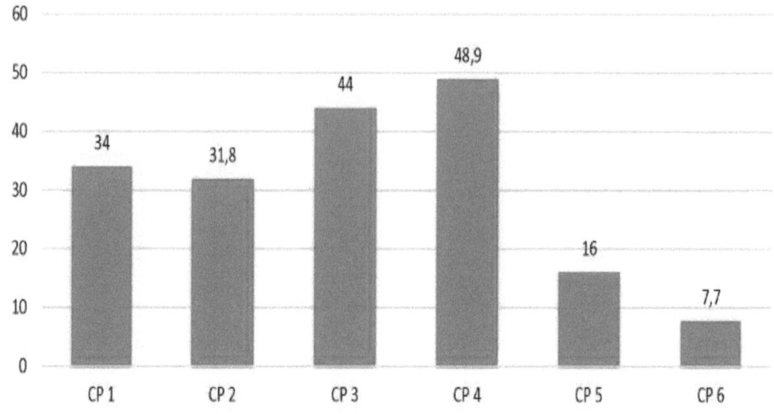

Fig. 9 Densidade populacional de *Iris alberti* em seis cenopulações.

[2]Como mostra a Fig. 9, a densidade mais elevada de *Iris alberti* no Grande Desfiladeiro de Almaty foi encontrada em CP3 e CP4 (44,0 e 48,9 rebentos por m). [2]A população do desfiladeiro de Oizhailau (CP5 e CP6) registou a densidade mais baixa (16,0 e 7,7 rebentos por m). [2]A população do desfiladeiro de Kaskelen (CP1 e CP2) teve a densidade média com 31,8 e 34,0 rebentos por m, respetivamente. Estas diferenças na densidade populacional podem ser explicadas não tanto pelas diferentes condições ecológicas, mas antes pelo diferente grau de pressão antropogénica.

Capítulo 5 Índices de produtividade das sementes

Para investigar a produtividade de sementes de *Iris alberti,* contámos os rebentos generativos na primeira e segunda populações (referidas como P1 e P2 no texto seguinte), recolhemos e medimos todos os frutos normalmente desenvolvidos e contámos, pesámos e medimos as sementes (Quadros 7 e 8).

^{2}*Iris alberti* produziu apenas um pequeno número de rebentos generativos por m , quatro em P2 e seis em P1 (Quadro 7, Fig. 8). Em ambas as populações, a média de flores por rebento generativo é de cinco.

A frutificação (definida como a proporção de flores que se desenvolveram em frutos) foi de 40 % em P1 e apenas 20 % em P2. O número médio de frutos maduros por rebento generativo foi de um em P1 e de dois em P2. Em P2, a produtividade média de sementes foi significativamente maior do que em P1: 105 e 45 sementes por rebento generativo, respetivamente. S'edina [55], que efectuou as suas investigações no jardim botânico de Almaty, relatou uma frutificação fraca em *Iris alberti.*

Tabela 7: Produtividade média de sementes nas populações estudadas

Popula tion	Indices of seed productivity				Fruit set, %
	Shoots per m^2	Flowers per soot	Fruits per shoot	Seeds per shoot	
1	6,0±1,0	5,0±0,1	1,0±0,08	45,0±6,6	20
2	4,0±0,4	5,0±0,2	2,0±0,1	105,0±15,0	40

O fruto da *Iris alberti* é uma caixa sincarpada inferior (Fig. 10). As sementes são libertadas através da abertura das vagens. As sementes são castanhas, semicirculares e comprimidas lateralmente (Fig. 11). O tamanho médio das sementes é: comprimento - 6,2 ± 0,12 mm, largura - 4,7 ± 0,11 mm (Quadro 8).

Tabela 8: Índices biométricos médios de frutos e sementes nas populações estudadas

Population	Fruit size		Number of seeds per seed pod	Weight of 1000 seeds, g
	Length, cm	Width, cm		
1	4,9 ±0,1	2,5±0,05	29,4±7,3	64,2±0,3
2	5,8±0,1	2,9±0,05	34,6±5,4	72,8±1,9

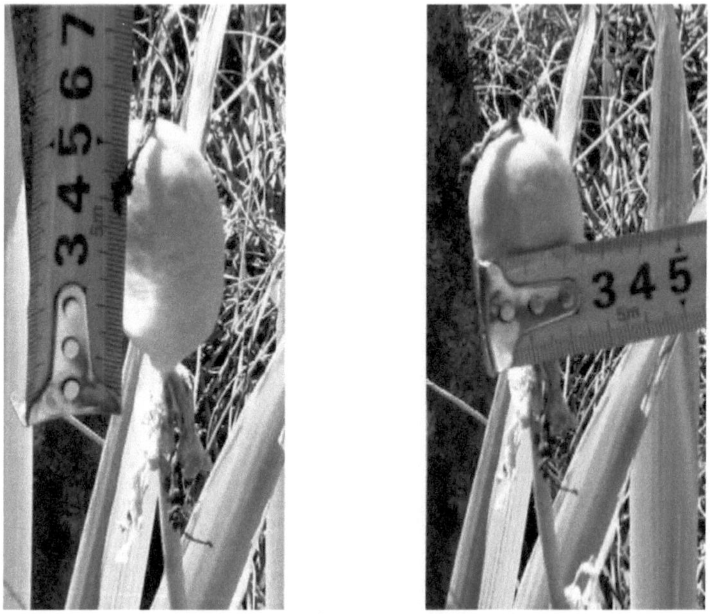

Fig.10. Vagens de sementes de *Iris alberti.*

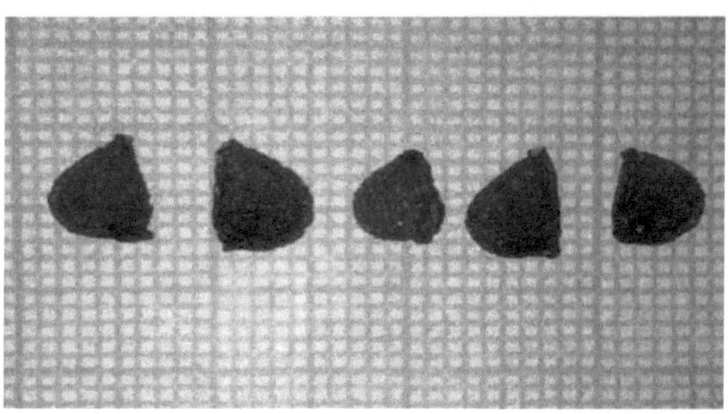
Fig.11. Sementes de *Iris alberti.*

Em P2, o tamanho médio de uma cápsula, o número de sementes por cápsula e o peso de 1000 sementes foram maiores do que em P1 (quadro 8). Este facto deveu-se provavelmente a um regime de temperatura mais favorável e a uma maior disponibilidade de água no local P2.

A estrutura anatómica da *íris alberti* foi analisada no estado virgem em P1 e P2. Os resultados já foram publicados noutro local [56].

Folha

O tecido dérmico da lâmina foliar de *Iris alberti é* representado pela epiderme com uma estrutura típica. Na secção transversal da folha, as células da epiderme aparecem quase rectangulares, muito densamente dispostas sem espaços intercelulares, cobertas por uma cutícula, sem pêlos superficiais.

Abaixo da epiderme existem seis ou sete filas de células que formam o mesofilo. A maior parte do mesofilo é constituída pelas células do parênquima que contêm clorofila. As células do mesofilo superior (parênquima paliçádico) são mais pequenas e têm um maior número de cloroplastos do que as células da parte interna da folha (parênquima esponjoso). Mais abaixo, na parte média da lâmina foliar, estão dispostas em três ou quatro filas células grandes, redondas e quase incolores, que servem de canais de ventilação.

Os feixes vasculares colaterais fechados estão imersos na espessura do mesofilo. Os feixes estão rodeados por pequenas células do tecido mecânico, o esclerênquima, que confere a toda a lâmina foliar a sua resistência mecânica. O floema está em contacto com o cordão do esclerênquima (Fig. 12).

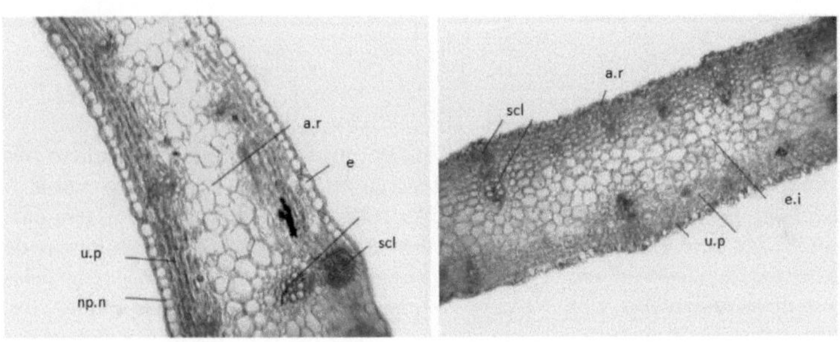

População 1 População 2

Fig. 12 Estrutura anatómica da lâmina foliar: u.p - epiderme superior, e.i- epiderme inferior, mp - mesofilo, a.r - cavidades aéreas, esc- esclerênquima, np.n - feixe vascular.

A análise morfométrica da estrutura interna das lâminas foliares em P1 e P2 mostrou que o tamanho médio de todas as estruturas foliares era maior em P1. Em particular, a espessura do tecido de armazenamento de água era de 0,74 pm em P1, mas apenas 0,57 pm em P2. Este tipo de tecido desenvolve-se principalmente em plantas que sofrem de défice hídrico.

As plantas de P1 tinham uma estrutura bastante xeromórfica, o que foi confirmado pelo tamanho dos tecidos condutores, uma vez que a sua principal função é o transporte de água com minerais dissolvidos. Quando a disponibilidade de água é limitada, as plantas são forçadas a utilizar cada mililitro de humidade do solo e do ar, aumentando o diâmetro dos vasos condutores. Nas plantas de P1, o diâmetro dos feixes condutores foi

0,10 g maior do que nas plantas de P2 (Tabela 9).

Tabela 9: Índices morfométricos da estrutura anatómica da lâmina foliar (gm).

Population	Thickness of the							Diameter of the conducting bundles
	Leaf blade	Epidermis		Mesophyll		Air-retaining tissue	Sclerenchyma	
		upper	lower	palisade	spongy			
1	1,5±0,59	0,12±0,01	0,11±0,02	0,29±0,07	0,27±0,04	0,74±0,39	0,28±0,06	0,36±0,08
2	1,11±0,19	0,08±0,01	0,09±0,01	0,27±0,03	0,3±0,02	0,57±0,16	0,15±0,02	0,26±0,03

Raiz

Na secção transversal da raiz com estrutura primária, podem distinguir-se três partes principais: o tecido protetor e absorvente, o córtex primário e o cilindro central A camada celular mais externa da raiz, a rizoderme (também chamada epibme), tem uma função protetora, bem como uma função de absorção intensiva de água e minerais do solo. As células da rizoderme são vivas, têm uma parede fina de celulose. Algumas delas formam os pêlos radiculares. Com o passar do tempo, a epilblema pode desprender-se e, nesse caso, a função de proteção é assumida pela exoderme. O córtex primário da raiz é mais desenvolvido do que o cilindro axial central e é constituído por três camadas: Exoderme, Mesoderme e Endoderme. A parte mais larga do córtex primário é a mesoderme, cujas células têm uma função de armazenamento e a tarefa de canalizar a água e os minerais dissolvidos dos pêlos radiculares para o cilindro axial central.

A camada interna do córtex primário é representada pela endoderme, cujas células estão muito próximas umas das outras e têm uma secção transversal quase quadrada. O cilindro central começa com o periciclo, que consiste em células vivas de parênquima de paredes finas dispostas numa fila única. A parte central do cilindro central é ocupada por um sistema vascular representado por um único feixe vascular radial no qual grupos de elementos do xilema primário alternam com regiões do floema primário.

As raízes de *Iris alberti* não têm núcleo, pois contêm os raios do xilema primário, que formam saliências entre as quais se situam os segmentos do floema (Fig. 13).

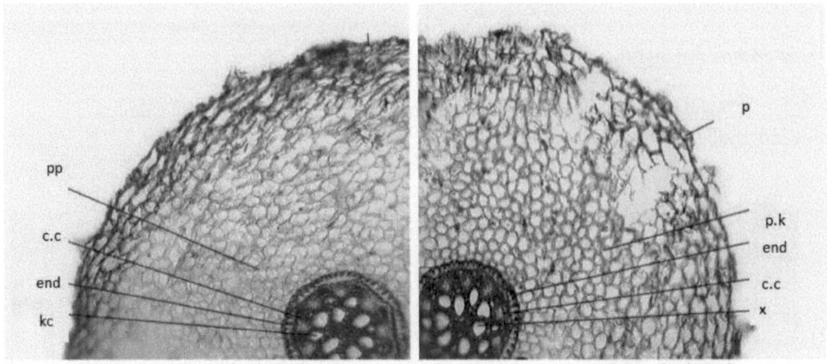

Fig. 13 Anatomia da raiz: p - rizoderme, p.c - córtex primário, end - endoderme, ц.ц - cilindro central, x - xilema.

Ao analisar a anatomia radicular das plantas das diferentes populações, verificámos que as raízes das plantas da P1 apresentavam um córtex primário bem desenvolvido, que servia de local de síntese e de armazenamento de várias substâncias; por conseguinte, as plantas da P1 apresentavam raízes mais grossas. No entanto, as plantas de P1 tinham uma rizoderme ligeiramente mais fina (0,07 pm) e um diâmetro do cilindro central (1,03 pm) e dos raios vasculares (0,11 pm) mais pequeno do que as plantas de P2 (quadro 10).

A anatomia da raiz foi um reflexo da disponibilidade de água. A rizoderma é o tecido responsável pela absorção de água. Com o aumento do tamanho, a área de superfície para absorver soluções de água aumenta. Os vasos do xilema, enquanto elementos do tecido condutor, asseguram o fluxo de água. O diâmetro do cilindro central, por sua vez, depende diretamente do diâmetro dos vasos do xilema, uma vez que a sua parte interior é ocupada pelo sistema condutor.

Tabela 10. Índices morfométricos da anatomia radicular, pm

Population	Thickness of			Diameter of	
	Rhizodermis	Primary cortex	Endoderm	Central cylinder	Xylem vessels
1	0,07±0,01	1,84±0,68	0,08±0,01	1,03±0,06	0,11±0,02
2	0,09±0,02	1,63±0,10	0,08±0,01	1,55±0,09	0,13±0,01

Rizoma

O rizoma da *Iris alberti é* uma parte espessa, semelhante a uma raiz, muito encurtada, de um rebento subterrâneo modificado. A sua superfície está coberta por várias camadas de células de cortiça mortas, tabulares, dispostas em várias filas.

Sabe-se que a periderme protege muito melhor contra a dessecação do que a cutícula ou a camada de cera. Devido a esta proteção fiável, os rizomas das íris são os órgãos mais resistentes à seca (xeromórficos). Após a secagem, conservam a viabilidade dos gomos durante muitos meses.

O parênquima é constituído por células brancas que contêm plastídeos modificados - grânulos de amido (Fig. 14).

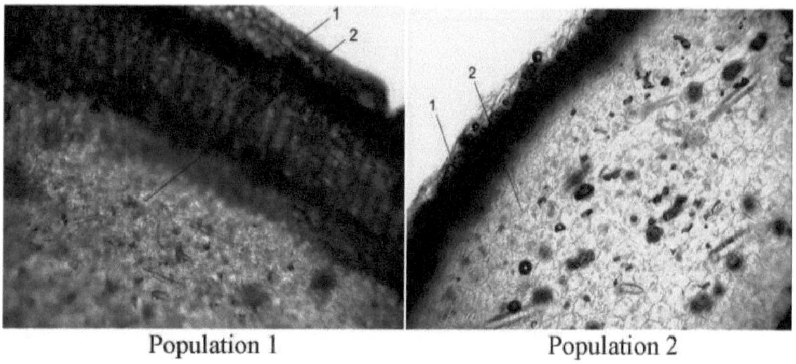

Fig. 14 Anatomia do rizoma: 1 - periderme, 2 - parênquima

A figura 14 mostra que as plantas de P1 têm uma periderme mais espessa do que as plantas de P2; este facto pode dever-se às condições mais secas do local P1.

Sementes

As sementes de *Iris alberti* são típicas das plantas monocotiledóneas e são constituídas pelo embrião, o endosperma e o invólucro da semente. As sementes, grandes e achatadas, são cobertas por uma densa casca castanha. A maior parte da semente é ocupada pelo endosperma, que é constituído por células arredondadas de um tecido de armazenamento; este último contém grãos de amido ou gotículas de óleos gordos, muitas vezes misturados com excesso de proteínas (Fig. 15).

Fig.15. Anatomia da semente: C.K - revestimento da semente, e - endosperma.

No centro da semente encontra-se um embrião branco e reto, imerso no

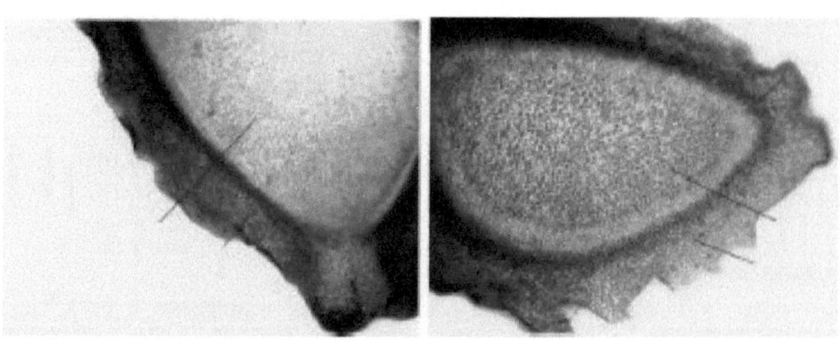

endosperma. Tem a forma de uma haste e cerca de 4 mm de comprimento. O cotilédone ocupa a maior parte do embrião.

CONCLUSÕES

Como resultado da nossa investigação, foi possível identificar características das comunidades vegetais que contêm *Iris alberti*. No total, as comunidades vegetais das cenopulações analisadas incluíam 227 espécies de 165 géneros e 45 famílias. De particular interesse foram as plantas raras constantes do Livro Vermelho do Cazaquistão [8]: *Tulipa ostrowskiana, Paeonia intermedia, Rheum wittrocki, Armeniaca vulgaris, Malus sieversii, Atraphaxis muschketowii* и *Euphorbia yaroslavii;* estas espécies requerem uma

, o número de folhas era entre 5 e 7, o comprimento da folha média era de 35,4 a 55,1 cm e a largura era de 2,5 a 3,5 cm. Nos rebentos generativos, o número de folhas aumentou para 14-17, o comprimento do rebento central para 41,2-58,5 cm, enquanto a largura permaneceu quase a mesma. A altura de um rebento florífero com 4-5 flores era da ordem dos 45,1-53,5 cm.

A análise dos números populacionais, da densidade e da estrutura etária das seis cenopulações mostrou que o máximo do espetro etário recai sobre os rebentos vegetativos adultos e o mínimo sobre os rebentos generativos. ^{2}A densidade máxima (número de rebentos por m) foi registada na CP4 e a mínima na CP6. A razão para tal não reside tanto nas diferentes condições ambientais dos sítios, mas antes nos diferentes graus de pressão antropogénica.A análise da produtividade de sementes nas duas populações (P1 e P2) mostrou que a percentagem de frutificação foi relativamente baixa, de 20 a 40%. O tamanho dos frutos, o número de sementes e o peso de 1000 sementes foram mais elevados nos indivíduos da P2, o que pode ser devido a um regime de temperatura e água mais favorável, o que também é confirmado por indicadores da estrutura anatómica dos órgãos individuais.

Estas diferenças eram:

Nas folhas,

- Desenvolvimento significativo do tecido armazenador de água, que atinge o máximo nos indivíduos que crescem em condições de seca e caracteriza o tipo de estrutura xeromórfica;
- Aumento do tamanho do tecido condutor.

Nas raízes,

- Aumento do córtex cerebral primário, que serve de local para a síntese e armazenamento de várias substâncias;
- Aumento da rizoderme através da formação de pêlos radiculares, que são necessários para aumentar a absorção de água;
- Aumento do diâmetro do cilindro axial central devido a um melhor desenvolvimento dos elementos condutores.

Nos rizomas:

- Espessamento do tecido de cortiça, que serve de proteção contra a secagem.

A espécie estudada está inscrita no Livro Vermelho do Cazaquistão e requer atenção e proteção especiais. O tamanho da população da espécie diminuiu, principalmente devido à destruição do habitat, incluindo a expansão de áreas urbanas e povoações, o desenvolvimento de encostas para casas de verão, a construção de estradas e o terraceamento de encostas [57]. É necessário continuar a investigação para clarificar a distribuição exacta da *Iris alberti* em toda a sua área de distribuição, investigar o estado das populações mais ameaçadas e estabelecer uma monitorização regular. Considerando a elevada decoratividade e a facilidade de cultivo, é necessário praticar a introdução desta espécie rara em cultura para fins paisagísticos.

REFERÊNCIAS

1. Vakhrameyeva M.G. Proteção da flora // Problemas de proteção do coberto vegetal. Os resultados da ciência e da tecnologia. VINITI. Ser. Botânica. - 1991 - V. 11 - P. 3-63 [Em russo].

2. Convenção sobre a Diversidade Biológica. Fonte eletrónica. Rio de Janeiro, 1992 - URL: http://bogard.isu.ru/cbd/cbd_eng.htm (último acesso em 09/05/2017)

3. Altukhov Yu.P. Genética de populações e conservação da biodiversidade // Soros Educational Journal, 1995 - №1 - P. 32-43 [Em russo].

4. Estratégia global para a proteção das plantas. - Kew, 2002 - P.36.

5. Vakhrameyeva M.G. Some approaches to the study of rare plant species (using orchids as an example) // State, prospects for studying and problems of protection of natural territories of the Moscow Region, 1988 - P.71-73 [In Russian].

6. Beltyukova N.N. Estimativa do estado das cenopulações de algumas espécies de plantas raras na região de Perm utilizando os métodos da genética molecular. Resumo do kand.diss. - Perm, 2010 - 16 p. [em russo].

7. Netsvetaev A.G. On the conservation of biological diversity in Russia / / Problems of the environment and natural resources, 2000 - No. 11 - P.25-38 [Em russo].

8. Livro Vermelho de Dados do Cazaquistão. Volume 2. parte 1. plantas. - Astana, 2014 - 452 p.

9. Kotukhov Yu, Danilova A., Anufrieva O. Current state of populations of rare and endangered plants in Eastern Kazakhstan. - Almaty: Tethys, 2006 - 176 p. [Kotukhov Yu, Danilova A., Anufrieva O. Current state of populations of rare and endangered plants in East Kazakhstan. Livro 2 - Almaty: Tethys, 2009. 140 p. [Em russo].

11. Kokoreva I.I., Sadyrova G.A., Otradnykh I.G., Sedina I.A., Nurusheva A.M., Lysenko V.V. Características ontogenéticas de uma espécie rara *Kaufmannia semenovii* (Herd.) Regel // Boletim de KazNU, ser. Biol. Biol., 2011 - No. 6 (52). - P.95-98 [Em russo].

12. Kokoreva 1.1., Lysenko V.V., Otradnykh I.G., Sedina I.A., Nurusheva A.M. Distribuição de uma espécie rara *Atraphaxis muschketowii* Krasn. no Trans-Ili Alatau (Tien-Shan do Norte) // Problemas de Botânica do Sul da Sibéria e da Mongólia. Mat. A 10ª Conferência Internacional Científica e Prática. Conf. (Barnaul, 24-27 de outubro de 2011). - Barnaul, 2011 - P.64-68 [Em russo]

13. Kokoreva I.I., Otradnykh I.G., Sedina I.A., Lysenko V.V. Espécies de plantas raras do norte de Tien Shan, Anais do Instituto de botânica e fitoindrodução do MES RK. - Almaty, 2013 - T.19 (4). - 208 p. [Em russo]

14. Mukhitdinov N.M., Nesterova S.G., Ametov A.A., Abidkulova K.T. Estrutura etária das populações e variabilidade de uma espécie endémica *Berberis iliensis* M.Pop.// Actas de uma conferência internacional dedicada à memória do cientista notável, o fundador da escola geobotânica do Cazaquistão, académico da NAS da RK B.A. Bykov em ligação com o 100.º aniversário do seu nascimento. - Almaty, 2011 - P.210-214 [Em russo].

15. Mukhitdinov N.M., Ametov A.A., Abidkulova K.T., Dosymbetova S. Avaliação do estado das cenopopulações de uma espécie endémica rara *Limonium michelsonii* Lincz. // Bulletin of the KazNU. Al-Farabi, Ser. - Almaty, 2012 - №1 (33). - P.272279 [Em russo]

16. Mukhitdinov N.M., Ametov A.A., Abidkulova K.T., Ydyrys A., Zhumabekova Zh. Estrutura das cenopulações de *Ferula iliensis* Krasn.ex Korov. em diferentes condições

ecocenóticas. // Boletim de KazNU, ser. - Almaty, 2012 - №3 (35). - P. 54-62 [Em russo].
17. Mukhitdinov N.M., Ametov A.A., Ydyrys A., Abidkulova K.T., Kudaibergenova N. Números e estrutura etária das cenopulações de uma planta endémica rara *Ikonnikovia kaufmanniana* (Regel) Lincz. // Boletim do KazNU. Al-Farabi, Ser. Ambiental: Materiais da 2ª Conferência Internacional Científica e Prática "Biodiversidade e Desenvolvimento Sustentável da Natureza e da Sociedade" por ocasião do 80º aniversário da Universidade, da Faculdade de Biologia e Biotecnologia e do Departamento de Biodiversidade e Biorrecursos (9-11 de abril de 2014, Almaty). - Almaty, 2014 - №1 / 1 (40). - P. 331-336 [Em russo]
18. Abdulina S.A. List of vascular plants of Kazakhstan (Lista de plantas vasculares do Cazaquistão). - Almaty, 1999 - 187 p.
19. Grudzinskaya LM, Gemedzhieva N.G., Nelina N.V., Karzhaubekova Zh.Zh. Lista anotada de plantas medicinais do Cazaquistão: edição de referência. - Almaty, 2014. - 200 p. [Em russo]
20. Besschetnova M.V., Isayeva B.K., Larionova I.I. et al. Flores para todos. - Alma-Ata, 1988 - 144 p. [Em russo].
21. Wang Y., Jeknic Z., Ernst R.C., Chen T.H.H. Melhoria da regeneração de plantas a partir de células de *Iris germanica* L. em cultura em suspensão // HortScience, 1999 - 34(7). - P.12711276.
22. Jevremovic S., Radojevic L. Regeneração de plantas a partir de culturas em suspensão de *Ins pumila* L. / Proc. XX Eucarpia Symp. on New Ornamentals II. ISHS Ata Hort. - 2002. - P.572.
23. Kerasa S., Mihovilovic A., Curkovic-Perica M., Mitic B., Baric M., Vrsek I., Marchetti S. Regeneração in vitro da espécie endémica croata *Iris adriatica* Trinajstic Ex Mitic // Ata Biologica Cracoviensia Series Botanica, 2009 - 51(2). - P.7-12.
24. Rodionenko G.I. Genus *Iris* L. (questões de morfologia, biologia, evolução e taxonomia). - M.-L.: Casa Publicadora da Academia de Ciências da URSS, 1961. 215 p. [Em russo].
25. Rodionenko G.I. Irises. SPb: Diamante, Agropromizdat, 2002 - 192 p. [26. Al-Gabbiesh A., Hassawi D.S., Afifi F.U. Propagação in vitro de espécies de íris ameaçadas de extinção //Journal of Biological Sciences, 2006. 6(6). - P.1035-10402.
27. Francescangeli N. Paclobutrazol e citocinina para a produção de *íris* em vaso *(Iris hollandica* Tub) // Revista Chilena de Investigação Agrícola, 2009 - 69(4). - P.509-515.
28. Burova L.A. Espécies e variedades de íris para paisagismo na Bielorrússia // Introdução e seleção de plantas. - Minsk, 1972 - P.158-167 [Em russo].
29. Chugayeva V.N. Seed productivity of *Iris sibirica* L. and its varieties // http://www.kraskileta.su/paper6.shtml (último acesso em 11 de agosto de 2017). [Em russo] 30. cenopopulações de plantas: Conceitos básicos e estrutura. - Moscovo: Nauka, 1976 - 216 p. [Em russo]
31. Ivashchenko A. A. Peculiaridades do espetro etário das cenopulações de *Colchicum luteum* no Tien Shan Ocidental// Biology, Ecology and the Interrelationships of Cenopulations of Plants. - M., 1982 - P.212-124 [Em russo] 32 Rabotnov T.A. Experience in determining the age of herbaceous plants // Bot. Zhurn, 1946 - T.31, №5 - P.24-28 [Em russo].
33. Lyubarsky E.L. Cenopopulação e fitocenose. - Kazan: Editora da KSU, 1976 - 156 p. [Em russo].
34. Zlobin Yu.A. Cenopopulation analysis in phytocenology. - Vladivostok: DVNU

USSR, 1984 - 60 p. [Em russo].
35. Zhukova L.A. Vida populacional das plantas dos prados. - Yoshkar-Ola, 1995 - 224 p. [Em russo].
36. Rabotnov T.A. Ciclo de vida de plantas herbáceas perenes em cenoses de prado // Proc. BIN ANSSSR. Ser.3. geobotânica, 1950 - Edição 6 - P. 7-124 [Em russo].
37. Uranov A.A. Espectro etário da fitocenopulação em função do tempo e dos processos de ondas de energia // Nauch. doc. escola superior. / Biol. ciência, 1975 - № 2 - C.7-34. [Em russo]
38. Cenopopulações de plantas (Ensaios de biologia populacional). - M. - 1988. - 182 P. [Em russo].
39. Uranov A.A., Smirnova O.V. Classificação e principais características do desenvolvimento da população de plantas medicinais // Bul. MOIP. Otd. biol., 1964 - T.74, Edição 2 - P.119-134 [Em russo].
40. Uranov A.A. Great life cycle and age spectrum of cenopulations of flowering plants // Tez.dokl.V delegate congress of the UBW. -Kiev. - 1973 - P.74-76 [Em russo].
41. Geobotânica de campo. M.-L.: Izd. AN SSSR, 1959 - V. 1 [Em russo]
42. Geobotânica de campo. M.-L.: Izd. AN USSR, 1964 - V. 3 [Em russo]
43. Golubev V.N. Sobre as características ecológicas e morfológicas das formas de vida das plantas herbáceas da estepe florestal da Sibéria Ocidental // Bot.zhurn., 1960 - Vol. 45 - P.979-996 [Em russo].
44. Golubev V.N. On the methodology of quantitative study of rare and endangered plants of the flora of Crimea / / Bull. Gos. Nikit. bot.sada, 1977.-ed. 1 (32). - C.11- 15. [Em russo].
45. Prozina M.N. Microtecnologia botânica. - M., 1960. - 208 P. [Em russo].
46. Permyakov A.I. Microtecnologia. - Moscovo: Izd. Universidade Estatal de Moscovo, 1988. 58 p. [Em russo].
47. Barykina R.P. et al. Reference book on botanical microtechnology. Fundamentals and methods. - Moscovo: Universidade Estatal de Moscovo, 2004 - 312 p. [Em russo].
48. Lakin G.F. Biometria. - Moscovo: Escola Superior, 1990 - 352 p. [Em russo].
49. Udolskaya N.L. Introdução à biometria. - Alma-Ata: Editora "Nauka" da RSS do Cazaquistão, 1976. 83 pp. [Em russo]. [Em russo].
50. Lotova L.I., Timonin A.K. Anatomia comparada das plantas superiores. Manual didático-metodológico. - Moscovo: Editora da Universidade de Moscovo, 1989. 79 pp. [Em russo].
51. Lotova L.I. Botânica: Morfologia e anatomia das plantas superiores. - Moscovo: Editora "KomKniga", 2007 - 512 p. [Em russo].
52. Rabotnov TA Métodos para o estudo da reprodução de sementes de plantas herbáceas em comunidades. // Geobotânica de campo. M.-L.: Editora da Academia de Ciências da URSS, 1960 - T.2 - P. 20-40 [Em russo].
53. Golubev V.N., Molchanov E.F. Methodological notes on the population-quantitative and ecological-biological study of rare, endangered and endemic plants of Crimea. - Yalta: Nikitsky bot. garden publishing house, 1978 - 41 p. [Vaynagiy I.V. Sobre os métodos de estudo da produtividade de sementes de plantas // Bot. Zhurnal, 1974.-V. 59. no. 6.-P. 826-831. [Em russo]
55. S'edina I.A. Introdução de algumas espécies selvagens do género *Iris* L. da flora do Cazaquistão no sopé do Trans-Ili Alatau // Mat. Intern. sci. Conf. "Resultados e perspectivas do desenvolvimento da ciência botânica no Cazaquistão", dedicada ao 70.º

aniversário do Instituto de Botânica e Fito-Introdução do Ministério da Educação e Ciência da República do Cazaquistão. - Almaty: Instituto de Botânica e Fito-Introdução, 2002 - P.449-452 [Em russo].

56. Akhmetova A.B., Mukhitdinov N.M. Anatomical characters of *Iris alberti* Regel growing in the central part of the Trans-Ili Alatau // Mater. República. sci. Conf. com participação de estagiários "Conservação da Biodiversidade e Utilização Racional de Recursos Biológicos" (21 de outubro de 2016) - Almaty: Universidade do Cazaquistão, 2016 - P. 17-23. [Em russo]

57. Ivashchenko A.A. Plantas raras e comunidades vegetais do Parque Nacional Ile-Alatau: distribuição e status // Terra. Revista científica, 2012 - Edição 13 - P.53-65 [Em russo].

Índice

MIX
Papier aus verantwortungsvollen Quellen
Paper from responsible sources
FSC® C105338

Printed by Books on Demand GmbH, Norderstedt / Germany